国家中等职业教育改革发展示范学校建设项目成果

零件的测绘与分析

（下册）

主　编　李　艳
副主编　朱国苹　黄　奕
参　编　李亭亭

机械工业出版社

本书采用工作页的教学理念将机械制图、机械基础、金属材料与热处理、机械制造工艺、极限配合与技术测量、AutoCAD机械制图等重要专业基础知识集于一身，便于教学的开展。

本书分上、下两册，共有五个学习任务。上册包含两个学习任务：测绘与分析减速器传动轴、测绘与分析减速器螺杆。下册包含三个学习任务：测绘与分析减速器齿轮、测绘与分析减速器箱体、绘制减速器装配图。每个学习任务由若干个学习活动组成，具有清晰的工作过程。每个学习任务包含学习目标、知识准备、完成学习任务需要掌握的资讯、活动步骤，以及明确而具体的成果展示和评价标准。

本书可作为技工院校和职业院校数控技术应用、模具设计与制造、机电一体化等机电类专业的专业基础课教材。

图书在版编目（CIP）数据

零件的测绘与分析. 下册/李艳主编. —北京：机械工业出版社，2013.7（2023.7重印）

ISBN 978-7-111-43113-8

Ⅰ.①零… Ⅱ.①李… Ⅲ.①机械元件-测绘②机械元件-结构分析 Ⅳ.①TH13

中国版本图书馆CIP数据核字（2013）第146141号

机械工业出版社（北京市百万庄大街22号 邮政编码100037）
策划编辑：王佳玮 责任编辑：王佳玮 版式设计：霍永明
责任校对：闫玥红 封面设计：路恩中 责任印制：单爱军
北京虎彩文化传播有限公司印刷
2023年7月第1版第3次印刷
184mm×260mm · 10.25印张 · 248千字
标准书号：ISBN 978-7-111-43113-8
定价：35.00元

电话服务　　　　　　　　　网络服务
客服电话：010-88361066　机 工 官 网：www.cmpbook.com
　　　　　010-88379833　机 工 官 博：weibo.com/cmp1952
　　　　　010-68326294　金 书 网：www.golden-book.com
封底无防伪标均为盗版　机工教育服务网：www.cmpedu.com

前　　言

随着经济、社会的不断发展，现代企业大量引进新的管理模式、生产方式和组织形式，这一变化趋势要求企业员工不仅要具备工作岗位所需的专业能力，还要求具备沟通、交流和团队合作能力，以及解决问题和自我管理的能力，能对新的、不可预见的工作情况做出独立的判断并给出应对措施。为了适应经济发展对技能型人才的要求，培养高素质的数控技术应用等机械类专业高技能人才，编者根据数控技术应用等机电类专业各岗位综合职业能力的要求编写了本书。

本书是编者按照工学结合人才培养模式的基本要求编写而成的，通过深入企业调研、认真分析数控技术应用等机电类专业各工作岗位的典型工作任务，以减速箱为载体，将企业典型工作任务转化为具有教育价值的学习任务。读者可在完成工作任务的过程中学习机械制图、机械基础、金属材料与热处理、机械制造工艺、极限配合与技术测量、AutoCAD机械制图等重要的专业基础知识和技能，培养综合职业能力。

本书分上、下两册，共有五个学习任务。上册已含两个学习任务：测绘与分析减速器传动轴、测绘与分析减速器螺杆。下册包含三个学习任务：测绘与分析减速器齿轮、测绘与分析减速器箱体、绘制减速器装配图，每个学习任务由若干个学习活动组成，具有清晰的工作过程。每个学习任务包含学习目标、知识准备、完成学习任务需要掌握的资讯、活动步骤，以及明确而具体的成果展示和评价标准。

本书由广州工贸技师学院李艳担任主编，朱国苹、黄奕担任副主编，李亭亭参与编写。

本书在编写过程中参阅了国内外出版的有关教材和资料，在此对相关作者表示感谢。

由于编者水平有限，书中难免存在不足之处，敬请读者批评指正，并提出宝贵意见。

编者

目　　录

学习任务三

测绘与分析减速器齿轮

任务情境

　　企业接到客户要求，对减速器中的齿轮进行批量生产，需现场取齿轮、测绘、分析，形成加工图样。部门主管将该任务交给技术员小张，要求小张在一天内完成。

　　该技术员接受任务后，查找资料，了解齿轮的结构及工艺要求，并与工程师沟通，确定工作方案，制订工作计划；领取相关工具，领取齿轮，绘制草图；选择合适的工、量具对齿轮进行测量并计算相应尺寸参数、标注尺寸；分析选择材料，制订必要的技术要求，用计算机绘制图样、文件保存归档、图样打印。测绘、分析过程中适时检查，确保图形的正确性，绘制完毕，主管审核正确后签字确认，图样交相关部门归档，填写工作记录。整个工作过程应遵循 6S 管理规范。

学习内容

1. 《机械设计手册》的使用方法。
2. 机械传动的常用类型、特点及作用。
3. 齿轮几何要素的名称和代号。
4. 齿轮的规定画法。
5. 剖视图的表达方法。
6. 齿轮的测量方法。
7. 尺寸标注。
8. 合金材料的性能。

9. 齿轮常见的失效形式。
10. 图样的技术要求（公差、表面粗糙度、热处理要求）。
11. 绘图软件的使用方法。
12. 6S 管理知识。
13. 工作任务记录的填写方法。
14. 归纳总结方法。

活动一　接受任务并制订方案

能力目标

1）根据任务单专业术语识读任务单。
2）知道传动的类型，并能正确选择。
3）知道带传动的工作原理、特点、类型和应用。

4）知道链传动的工作原理、类型、特点和应用。

5）查阅资料（包括工作页、参考书、机械手册、互联网等），学习测绘流程，团队协作，在教师指导下编写任务方案。

**活动地点**

零件测绘与分析学习工作站。

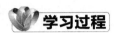**学习过程**

你要掌握以下资讯，才能顺利完成任务

一、接受任务单（表3-1）

表3-1　测绘任务单

单号：_____　开单部门：_____　开单人：_____

开单时间：____年____月____日____时____分

接单部门：_____部_____组

任务概述	客户要求批量生产减速器齿轮,因技术资料遗失,现提供减速器实物一台,需测绘形成零件图
任务完成时间	
接单	（签名:） 　　　　　　　　　　　　　　　　年　月　日

请查找资料，将不懂的术语记录下来。

_____

_____

_____

小提示

信息采集源：1）《机械基础》

　　　　　　2）《机械设计手册》

　　　　　　其他：_____

二、传动的分类

传动的分类如下：

$$
传动\begin{cases}
机械传动\begin{cases}
摩擦传动\begin{cases}
直接接触传动：摩擦轮传动\\
挠性传动：带传动\begin{cases}
平带传动\\
V\ 带传动\\
圆带传动
\end{cases}
\end{cases}\\[4mm]
啮合传动\begin{cases}
直接接触传动\begin{cases}
齿轮传动\begin{cases}
圆柱齿轮传\\
锥齿轮传动\\
齿轮齿条传动
\end{cases}\\
蜗杆传动\\
螺旋传动
\end{cases}\\
挠性传动\begin{cases}
链传动\\
带传动：同步带传动
\end{cases}
\end{cases}
\end{cases}\\[4mm]
流体传动\\
电传动
\end{cases}
$$

三、带传动

1. 带传动的组成

带传动一般是由主动轮、从动轮和紧套在两轮上的挠性带组成（请在图 3-1 上标出来）。

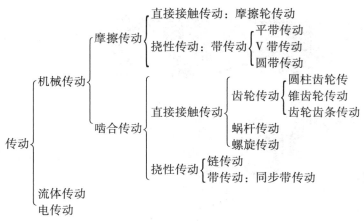

a)　　　　　　　　　　　　　b)

图 3-1　带传动的组成
1—主动轮　2—从动轮　3—带

2. 带传动的工作原理

带传动利用带作为中间挠性件，靠带与带轮之间的摩擦力或啮合来传递运动和动力。

3. 带传动的传动比

主动轮与从动轮的转速之比称为传动比，用 i 表示，公式如下：

$$
i = \frac{\omega_1}{\omega_2} = \frac{D_2}{D_1}
$$

式中　i——传动比；

ω_1、ω_2——主、从动轮的角速度；

D_1、D_2——主、从动轮的直径。

4. 带传动的类型

按工作原理不同，带传动分为摩擦带传动（图 3-1a）和啮合带传动（图 3-1b）。

按带的截面形状不同，带传动又有如下分类。

按截面形状分类
$$
\begin{cases}
平带传动：截面形状为矩形，内表面为工作面（图 3-2a）\\
圆带传动：截面形状为圆形，只用于小功率传动（图 3-2b）\\
V\ 带传动：截面形状为梯形，两侧面为工作表面（图 3-2c）\\
多楔带传动：它是在平带基体上由多根\ V\ 带组成的传动带，可传递很\\
\quad 大的功率（图 3-2d）\\
齿形带传动（图 3-1b）
\end{cases}
$$

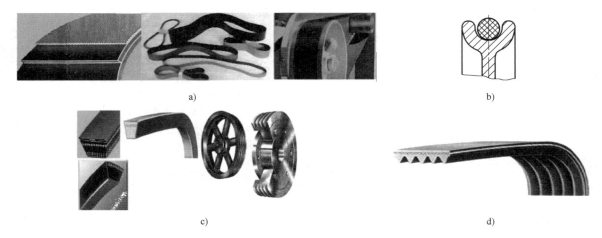

a)

b)

c)

d)

图 3-2 　带传动的类型

5. 带传动的特点

带传动是一种常用的机械传动，广泛应用在金属切削机床、输送机械、农业机械、纺织机械、通风设备等各种机械设备中。带传动具有以下优点：

1）能缓冲吸振，传动平稳，噪声小。

2）过载时，带会在带轮上打滑，防止其他机件损坏，具有过载保护作用。

3）结构简单，制造、安装和维护方便，成本低。

4）适用于两轴距离较＿＿＿（A. 大　B. 小）的传动。

其缺点如下：

1）带与带轮之间存在一定的弹性滑动，故不能保证恒定的传动比，传动精度和传动效率低。

2）由于带工作时需要张紧，带对轴有很大的压力。

3）带传动装置外廓尺寸大，结构不够紧凑。

4）带的寿命较短，需要经常更换。

5）＿＿＿（A. 适用　B. 不适用）于高温、易燃及有腐蚀介质的场合。

6. V 带的结构和标准

（1）V 带的结构　V 带是横截面为等腰梯形且无接头的环形带，V 带的结构有两种：＿＿＿结构和线绳结构（图 3-3）。

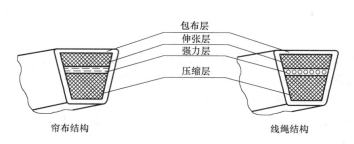

包布层
伸张层
强力层
压缩层

帘布结构　　　　　线绳结构

图 3-3 　V 带的结构

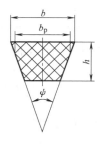

图 3-4 　普通 V 带的横截面

（2）V 带的规格标准　普通 V 带应用最广，如图 3-4 所示，其截面呈____（A. 等腰梯形　B. 三角形），楔角等于 40°的梯形，相对高度 $h/b_p \approx 0.7$，工作面是带的____（A. 两侧面　B. 底面），带与轮槽底部应有间隙。

考虑到 V 带张紧后产生的横向收缩变形，小带轮槽角 ψ 常取为 32°、34°、36°、38°。

普通 V 带已标准化，按截面尺寸由小到大分为 Y、Z、A、B、C、D、E 七种型号。在同样的条件下，截面尺寸越大则传递的功率就越大。

（3）普通 V 带的标记　标记由型号、标准长度、标准编号三个部分组成，如 B 2240 GB/T 11544—1997。

四、链传动

1. 链传动的组成

链传动由主动链轮、链条、从动链轮组成（请在图 3-5 上标出来）。工作时，通过链条上的链节与链轮轮齿的相互啮合来传递运动和动力。

与带传动类似，传动比为主动轮与从动轮转速之比，即

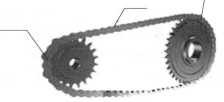

$$i = \frac{\omega_1}{\omega_2} = \frac{z_2}{z_1}$$

式中　i——传动比；

ω_1、ω_2——主、从动轮的角速度；

z_1、z_2——主、从动轮的齿数。

图 3-5　链传动

2. 链传动的类型与应用

按用途区分，链分为传动链、输送链和起重链等（图 3-6）。

按结构的不同，传动链又分为滚子链和齿形链等（图 3-7）。

传动链　　　　　　　　　输送链　　　　　　　　　起重链

图 3-6　链传动按用途分类

滚子链　　　　　　　齿形链

图 3-7　链传动类型

3. 链传动的应用特点

链传动的优点如下：

1）能保证准确的平均传动比。

2）传动功率大。

3）传动效率高，一般可达 0.95 ~ 0.98。

4）可用于两轴中心距较大的情况。

5）能在低速、重载和高温条件下，以及尘土飞扬、淋水、淋油等不良环境中工作。

链传动的缺点如下：

1）由于链节的多边形运动，瞬时传动比变化，不宜用于精密传动的机械上。

2）链条的铰链磨损后，链条节距变大，传动中链条容易脱落。

3）工作时有噪声。

4）对安装和维护要求较高。

4. 滚子链的结构

滚子链由内链板、外链板、销轴、套筒、滚子组成，如图 3-8 所示。

销轴与外链板采用＿＿＿（A. 过盈　B. 间隙）配合形成外链节；内链板与套筒之间采用＿＿＿（A. 过盈　B. 间隙）配合形成内链节；销轴与套筒之间为＿＿＿（A. 过盈　B. 间隙）配合构成内外链节的转动副；滚子与套筒之间采用＿＿＿（A. 过盈　B. 间隙）配合使滚子与链轮轮齿间相对滚动，从而减小链条与链轮轮齿间的磨损。

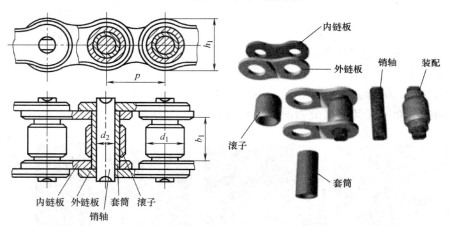

图 3-8　滚子链的组成及装配

5. 滚子链的标记

标记为"链号—排数—链节数　标准编号"，如 08A—1—88　GB/T 1243—2006。

五、齿轮传动

齿轮传动是利用齿轮副来传递运动和动力的一种机械传滚动，齿轮传动属于啮合传动。

1. 齿轮传动的常见类型（表 3-2）

表 3-2　齿轮传动的常见类型

分类方法		类　　型	图　　例
两轴平行	按轮齿方向	直齿圆柱齿轮传动	

（续）

分类方法		类　型	图　例
两轴平行	按轮齿方向	斜齿圆柱齿轮传动	
		人字齿圆柱齿轮传动	
	按啮合情况	外啮合齿轮传动	
		内啮合齿轮传动	
		齿轮齿条传动	
两轴不平行	相交轴齿轮传动	锥齿轮传动	直齿 　曲齿

（续）

分类方法		类　　型	图　　例
两轴不平行	交错轴齿轮传动	交错轴斜齿轮传动	
		蜗杆传动	

2. 传动比

对于齿轮传动，传动比用下式计算：

$$i = \frac{\omega_1}{\omega_2} = \frac{n_1}{n_2} = \frac{z_2}{z_1}$$

式中　i——传动比；

ω_1、ω_2——主、从动轮的角速度；

n_1、n_2——主、从动齿轮的转速；

z_1、z_2——主、从动齿轮的齿数。

3. 应用特点

齿轮传动的优点如下：

1）能保证瞬时传动比恒定，工作可靠性高，传递运动准确。

2）传递功率和圆周速度范围较宽。

3）结构紧凑，可实现较大的传动比。

4）传动效率高，使用寿命长，维护简便。

其缺点如下：

1）运转过程中有振动、冲击和噪声。

2）齿轮安装要求较高。

3）不能实现无级变速。

4）____（A. 适用　B. 不适用）于中心距较大的场合。

齿轮传动的基本要求是：传动____（A. 平稳　B. 不平稳）、承载能力____（A. 强B. 弱）。

4. 斜齿圆柱齿轮传动

（1）啮合对比　斜齿圆柱齿轮与直齿圆柱齿轮接触线如图3-9所示。

（2）斜齿轮传动的啮合性能

1）两轮齿由一端面进入啮合，接触线先由短变长，再由长变短，到另一端面脱离啮合，重合度大，承载能力高，可用于大功率传动。

2）轮齿上的载荷逐渐增加，逐渐卸掉，承载和卸载平稳，冲击、振动和噪声小。

3）由于轮齿倾斜，传动中会产生一个轴向力。

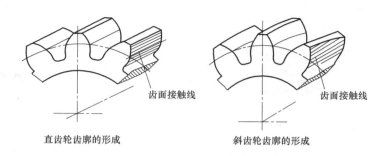

图 3-9　直齿与斜齿圆柱齿轮的啮合

4）斜齿轮在高速、大功率传动中应用十分广泛。

六、蜗杆传动

1. 蜗杆传动的组成（图 3-10）

图 3-10　蜗杆传动的组成

蜗杆和蜗轮都是特殊的斜齿轮。蜗杆相当于一个螺旋角很大而直径很小的 ____（A. 斜　B. 直）齿轮；蜗轮类似于一个螺旋角很小而直径很大的沿齿宽方向为凹弧形的斜齿轮。

2. 蜗杆的类型（表 3-3）

表 3-3　蜗杆类型

	圆柱蜗杆传动	环面蜗杆传动	锥蜗杆传动
按蜗杆 形状分			

（续）

	右旋蜗杆 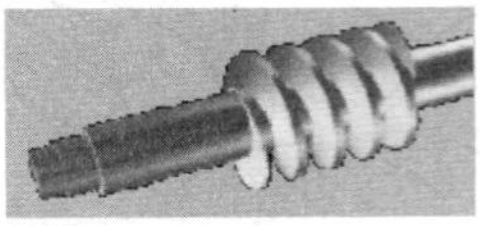	左旋蜗杆 
按蜗杆螺旋 线方向分		
	单头蜗杆	多头蜗杆
按蜗杆 头数分		

3. 蜗杆传动的特点

1）传动比大，结构紧凑。

2）传动平稳、噪声小。

3）蜗杆传动具有自锁性。

4）承载能力大。

5）传动效率低、成本高。

七、齿轮传动的应用

1. 轮系

轮系是指由一系列相互啮合的齿轮，将主动轴与从动轴连接起来的传动系统。

2. 轮系的分类（表3-4）

表3-4　轮系的分类

类别	定义	图形	
定轴轮系	所有齿轮的几何轴线位置均固定不变	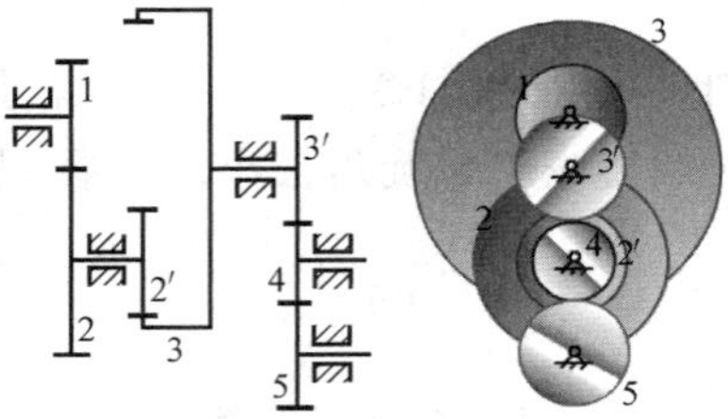 平面轮系:齿轮轴线均互相平行	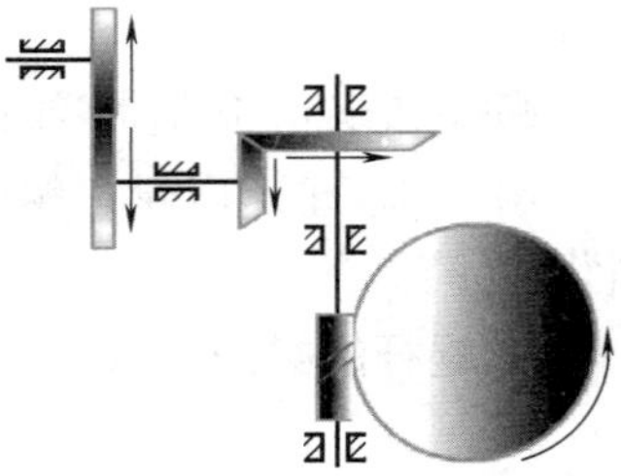 空间轮系:齿轮轴线不完全平行
周转轮系	至少有一个齿轮的几何轴线相对于机架的位置不固定，而是绕另一个齿轮的几何轴线转动		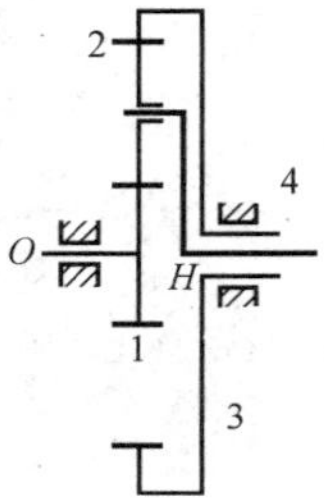

（续）

类　别	定　　义	图　　形
混合轮系	既有定轴轮系又有周转轮系	

3. 轮系的应用特点

1）可获得很大的传动比。

2）可作较远距离的传动。

3）可以方便地实现变速和变向要求。

4）可以实现运动的合成与分解。

 实施活动 各小组试写出测绘流程

分组教学，以 6 人一小组为单位，进行讨论。

一、工具、仪器

减速器中的齿轮、设计手册。

二、工作流程

1. 分析减速器中齿轮的种类

减速器中的齿轮属于_____（A. 平面齿轮　B. 空间齿轮）中的_____（A. 直齿圆柱齿轮　B. 斜齿圆柱齿轮），是_____（A. 外啮合齿轮　B. 内啮合齿轮）。

2. 分析减速器中的齿轮所起的作用，分析轮系的种类

齿轮在减速器中的作用是_____。

此轮系的类型是_____。

3. 绘出轮系的运动简图

4. 写出测绘流程

评价	各组选出优秀成员在全班讲解制订的测绘流程 小组互评、教师点评	小组名次

活动二　手工绘制减速器齿轮

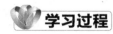

能力目标

1) 通过查阅设计手册，确定直齿圆柱齿轮的基本参数。
2) 能叙述直齿圆柱齿轮的几何要素的名称和代号。
3) 会查表寻找计算公式。
4) 能运用计算公式计算齿轮的齿顶圆、分度圆等几何尺寸。
5) 能运用计算公式计算定轴轮系的传动比，判断末轮的旋转方向。
6) 知道剖视图的分类。
7) 会查找国家标准，知道剖视图的画法。
8) 知道直齿圆柱齿轮的规定画法。

活动地点

零件测绘与分析学习工作站。

学习过程

你要掌握以下资讯，才能顺利完成任务

3.2.1　认识齿轮几何要素的名称和代号

一、渐开线齿廓

1. 渐开线的形成

如图 3-11a 所示，在某平面上，动直线 AB 沿一固定的圆作纯滚动，此动直线 AB 上任

一点 K 的运动轨迹 CK 称为该圆的渐开线。这个圆称为渐开线的基圆，直线 AB 称为渐开线的发生线。

采用渐开线作为齿廓曲线的齿轮称为渐开线齿轮，如图 3-11b 所示。

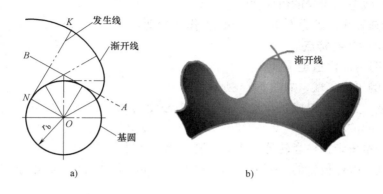

图 3-11　渐开线的形成

2. 渐开线的性质

1）发生线沿基圆滚过的线段长度 NK 等于基圆上被滚过的相应弧长 NK_0。如图 3-12a 所示。

2）渐开线上任意一点的法线必然与基圆相切。发生线、基圆的____（A. 切线　B. 法线）、渐开线的法线三线合一。

3）渐开线上各点的曲率半径不相等。K 点离基圆越远，曲率半径就越____（A. 大　B. 小），渐开线越趋于____（A. 平直　B. 弯曲）；K 点离基圆越近，曲率半径越小，渐开线越弯曲。

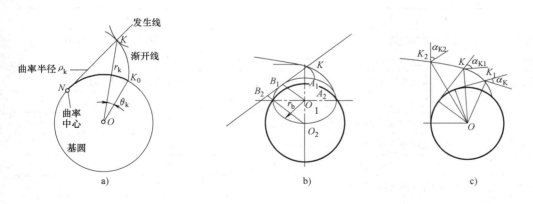

图 3-12　渐开线的性质

4）渐开线的形状取决于基圆的大小。基圆相同，渐开线形状____（A. 相同　B. 不相同）；基圆越小，渐开线越____（A. 弯曲　B. 平直）；基圆越大，渐开线越趋平直。当基圆半径趋于无穷大时，渐开线成直线，即成为齿条的齿廓曲线，如图 3-12b 所示。

5）渐开线上各点的压力角不相等，如图 3-12c 所示。离基圆越远，压力角越大，基圆上的压力角为零。压力角越小，齿轮传动越省力，因此，通常采用基圆____（A. 附近　B. 远离）的一段渐开线作为齿轮的齿廓曲线。

6）基圆内无渐开线，因为发生线在基圆上作纯滚动。

3. 渐开线齿廓的啮合特点

1）能保持瞬时传动比恒定。

2）具有传动的可分离性，如图 3-13 所示。

实际上，制造、安装误差或轴承磨损常导致中心距的微小改变，但由于其具有可分离性，仍能保持良好的传动性能。

二、渐开线标准直齿圆柱齿轮的几何要素的名称和代号

渐开线标准直齿圆柱齿轮的几何要素的名称如图 3-14 所示，其定义及代号见表 3-5。

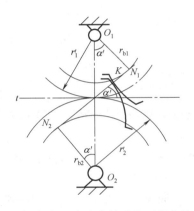

图 3-13　渐开线齿廓传动的可分离性

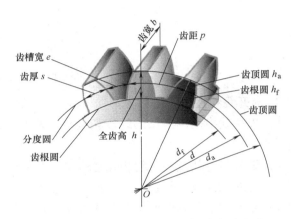

图 3-14　渐开线标准直齿圆柱齿轮各部分名称

表 3-5　渐开线标准直齿圆柱齿轮各部分名称、定义及代号

名　　称	定　　义	代　　号
齿顶圆	通过轮齿顶部的圆周	齿顶圆直径 d_a、齿顶圆半径 r_a
齿根圆	通过轮齿____(A. 顶部　B. 根部)的圆周	齿根圆直径 d_f、齿根圆半径 r_f
分度圆	齿轮上具有标准模数和标准齿形角的圆	分度圆直径 d、分度圆半径 r
齿厚	在端平面上，一个齿的两侧端面齿廓之间的分度圆弧长	齿厚 s
齿槽宽	在端平面上，一个齿槽的两侧端面齿廓之间的分度圆弧长	齿槽宽 e
齿距	两个相邻且同侧端面齿廓之间的分度圆弧长	齿距 p
齿宽	齿轮的有齿部位沿分度圆柱面直素线方向量度的宽度	齿宽 b
齿顶高	齿顶圆与分度圆之间的径向距离	齿顶高 h_a
齿根高	齿根圆与分度圆之间的径向距离	齿根高 h_f
齿高	齿顶圆与齿根圆之间的径向距离	齿高 h

在标准齿轮的分度圆上，齿厚与齿槽宽相等，且分度圆的齿距 p、齿厚 s、齿槽宽 e 的关系是：

$$p = s + e$$

三、直齿圆柱齿轮的基本参数

1. 齿数

齿轮整个圆周上轮齿的总数，用 z 表示。

2. 模数

规定分度圆上的齿距 p 与 π 的比值的标准值（整数或有理数）称为模数，用 m 表示，即

$$m = \frac{p}{\pi}$$

模数是齿轮的一个重要的基本参数，我国已制定了标准模数系列（表3-6）。

表3-6　圆柱齿轮的标准模数系列

系列	模数 m/mm
第一系列	1，1.25，1.5，2，2.5，3，4，5，6，8，10，12，16，20，25，32，40，50
第二系列	1.75，2.25，2.75，（3.25），3.5，（3.75），4.5，5.5，（6.5），7，9，（11），14，18，22，28，36，45

注：1. 对于渐开线圆柱斜齿轮是指法向模数。

　　2. 优先选用第一系列，括号内的模数尽可能不用。

模数直接影响轮齿的大小、齿形和强度大小。对于相同齿数的齿轮，模数越大，齿轮的几何尺寸越大，轮齿＿＿＿（A. 越大　B. 越小），承载能力也越大。

3. 齿形角

渐开线上各点的压力角是不同的，通常所说的齿形角指分度圆上的压力角，用 α 表示。国家标准规定齿轮分度圆齿形角为标准值。

齿形角的大小对轮齿的形状的影响如图3-15所示。

当分度圆半径 r 不变时，齿形角减小，轮齿的齿顶变＿＿＿（A. 宽　B. 窄），齿根变＿＿＿（A. 宽　B. 窄），其承载能力＿＿＿（A. 降低　B. 提高）。

分度圆上的齿形角增大，则轮齿的齿顶变窄，齿根变宽，承载能力增大，但传动费力。

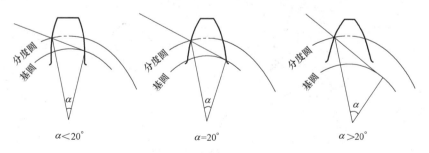

图3-15　齿形角的大小对轮齿形状的影响

4. 齿顶高系数

对于标准齿轮，规定 $h_a = h_a^* m$。h_a^* 称为齿顶高系数，我国标准规定正常齿制齿轮 $h_a^* = 1$。

5. 顶隙系数

当一对齿轮啮合时，为使一个齿轮的齿顶面不与另一个齿轮的齿槽底面相接触，轮齿的齿根高应大于齿顶高，即应留有一定的径向间隙，此间隙称为顶隙，用 c 表示。

对于标准齿轮，规定 $c = c^* m$。c^* 称为顶隙系数，我国标准规定正常齿制齿轮 $c^* = 0.25$。

实施活动 分析直齿圆柱齿轮的基本参数，辨别几何要素的名称和代号

分组教学，以 6 人一小组为单位，进行讨论。

一、工具、仪器

减速器中的齿轮，设计手册。

二、工作流程

1）什么是标准直齿圆柱齿轮？减速器中的齿轮属于标准直齿圆柱齿轮吗？

2）观察如图 3-16 所示的齿轮，指出齿轮的各部分名称。

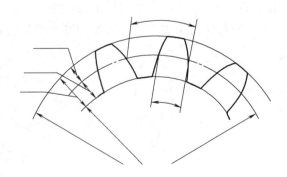

图 3-16　齿轮各部分名称

3）测量减速器中任意一个齿轮的基本参数。

齿数是＿＿＿＿＿＿＿＿＿＿＿＿＿＿＿＿。

模数是＿＿＿＿＿＿＿＿＿＿＿＿，＿＿＿＿＿＿＿＿＿＿＿＿（A. 是　B. 不是）标准模数。

分度圆上的压力角是＿＿＿＿＿＿＿＿＿＿＿＿＿＿＿。

 **活动评价**（表3-7）

表3-7　活动评价表

完成日期		工时	120min	总耗时		
任务环节	评分标准		所占分数	考核情况	扣分	得分
分析直齿圆柱齿轮的基本参数,辨别几何要素的名称和代号	1. 为完成本次活动是否做好课前准备(充分5分,一般3分,没有准备0分) 2. 本次活动完成情况(好10分,一般6分,不好3分) 3. 完成任务是否积极主动,并有收获(是5分,积极但没收获3分,不积极但有收获1分)		20	自我评价: 　　　　　学生签名		
	1. 准时参加各项任务(5分)(迟到者扣2分) 2. 积极参与本次任务的讨论(10分) 3. 为本次任务的完成,提出了自己独到的见解(5分) 4. 团结、协作性强(5分) 5. 超时扣5~10分		30	小组评价: 　　　　　组长签名		
	1. 分析齿轮的基本参数错误,扣2分 2. 分析齿轮的几何要素错误,扣2分 3. 超时扣3分 4. 违反安全操作规程扣5~10分 5. 工作台及场地脏乱扣5~10分		50	教师评价: 　　　　　教师签名		
总分						

小提示

只有通过以上评价,才能继续学习哦!

3.2.2　计算齿轮的几何参数

一、标准直齿圆柱齿轮的主要几何尺寸计算（表3-8）

表3-8　外啮合标准直齿圆柱齿轮的几何尺寸计算

级别	名称	代号	计算公式
五个基本参数	模数	m	通过计算或结构设计确定
	齿数	z	通过传动比计算确定
	齿形角	α	标准齿轮为20°
	齿顶高系数	h_a^*	$h_a^* = 1$
	顶隙系数	c^*	$c^* = 0.25$
四个圆	分度圆直径	d	$d = \underline{\hspace{2cm}}$
	齿顶圆直径	d_a	$d_a = d + 2h_a = \underline{\hspace{1cm}} + \underline{\hspace{1cm}} = (z + 2\underline{\hspace{0.5cm}})m$ $d_a = d - 2h_a = \underline{\hspace{1cm}} - \underline{\hspace{1cm}} = \underline{\hspace{1cm}}$(内齿轮)
	齿根圆直径	d_f	$d_f = d - 2h_f = \underline{\hspace{1cm}} - \underline{\hspace{1cm}} = (z - 2.5\underline{\hspace{0.5cm}})m$ $d_f = d + 2h_f = \underline{\hspace{1cm}} + \underline{\hspace{1cm}} = \underline{\hspace{1cm}}$(内齿轮)
	基圆直径	d_b	$d_b = mz\cos\alpha$

（续）

级 别	名 称	代号	计 算 公 式
四个弧长	齿距	p	$p = s + e = \pi m$
	齿厚	s	$s = \dfrac{p}{2} = \dfrac{\pi m}{2}$
	齿槽宽	e	$e = \underline{\hspace{1.5cm}}$
	基圆齿距	p_b	$p_b = p\cos\alpha = \pi m \cos\alpha$
四个径向高度	齿顶高	h_a	$h_a = h_a^* m = \underline{\hspace{1.5cm}} m$
	齿根高	h_f	$h_f = (h_a^* + c^*) \times m = \underline{\hspace{1.5cm}}$
	齿高	h	$h = h_a + h_f = (2h_a^* + c^*)m = \underline{\hspace{1.5cm}}$
	顶隙	c	$c = c^* m = $
一宽	齿宽	b	$b = (6 \sim 12)m$，通常取 $b = 10m$
一比	传动比	i	$i = \dfrac{n_1}{n_2} = \dfrac{z_2}{z_1} = \dfrac{d_2}{d_1} = \dfrac{d_{b2}}{d_{b1}}$
一距	标准中心距	a	$a = r_1 + r_2 = \dfrac{mz_1}{2} + \dfrac{mz_2}{2} = \dfrac{m(z_1 + z_2)}{2}$ $a = r_2 - r_1 = \underline{\hspace{1.5cm}} = \underline{\hspace{1.5cm}}$（内啮合）

二、正确啮合条件

1. 标准直齿圆柱齿轮的正确啮合条件（图 3-17）

1）两齿轮的模数必须相等，即 $m_1 = m_2$。

2）两齿轮的齿形角相等，即 $\alpha_1 = \alpha_2 = 20°$。

2. 斜齿圆柱齿轮的正确啮合条件

1）两齿轮法向模数相等，即 $m_{n1} = m_{n2} = m$。

2）两齿轮法向齿形角相等，即 $\alpha_{n1} = \alpha_{n2} = \alpha$。

3）两齿轮螺旋角相等、旋向相反，即 $\beta_1 = -\beta_2$。

3. 直齿锥齿轮传动的正确啮合条件

1）两齿轮的大端端面模数相等，即 $m_{t1} = m_{t2} = m$。

2）两齿轮的大端齿形角角相等，即 $\alpha_1 = \alpha_2 = \alpha$。

三、连续传动条件

为了保证齿轮传动的连续性，必须在前一对轮齿尚未结束啮合时，后续的一对轮齿已进入啮合状态。

一对齿轮连续传动的条件是重合度 $\varepsilon \geqslant 1$（图 3-18）。

重合度越大，说明同时啮合的轮齿对数越多，传动越平稳，也提高了齿轮传动的承载能力。

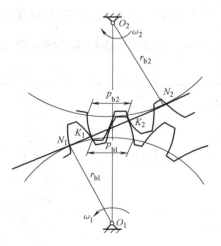

图 3-17 渐开线齿轮的正确啮合条件

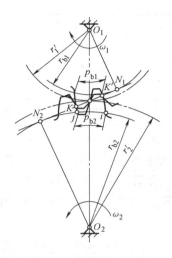

图 3-18　连续传动条件

四、计算定轴轮系的传动比

定轴轮系传动比的计算包括计算轮系传动比的大小和确定末轮的回转方向。

一对齿轮啮合时，传动比的表达见表 3-9。

表 3-9　一对齿轮传动比的表达

齿轮类型	运动结构简图	传动比大小
外啮合齿轮	主、从动齿轮转向相反，两箭头指向相反	$i = \dfrac{n_1}{n_2} = -\dfrac{z_2}{z_1}$ （负号表示主、从动齿轮转向相反）
内啮合齿轮	主、从动齿轮转向相同，两箭头指向相同	$i = \dfrac{}{}$ $= \dfrac{}{}$ （正号表示主、从动齿轮转向相同）
锥齿轮传动	两箭头同时指向或同时背离啮合点	$i = \dfrac{n_1}{n_2} = \dfrac{z_2}{z_1}$ （只表示大小，不表示方向，方向由标注箭头的方法来确定）

（续）

齿轮类型	运动结构简图	传动比大小
蜗轮蜗杆传动	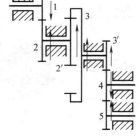	$i = \dfrac{n_1}{n_2} = \dfrac{z_2}{z_1}$ （只表示大小，不表示方向，方向由标注箭头的方法来确定）

定轴轮系的传动比大小是指该轮系中首、末两轮角速度（转速）的比值。

当首轮用"1"、末轮用"k"表示时，末轮的转速为 n_k，则平面定轴轮系的传动比等于轮系中各级齿轮副传动比的连乘积，也等于轮系中所有从动齿轮轮齿数的连乘积与所有主动齿轮轮齿数的连乘积之比。

$$i_{1k} = \frac{n_1}{n_k} = (-1)^m \frac{\text{各级齿轮副中从动齿轮轮齿数的连乘积}}{\text{各级齿轮副中主动齿轮轮齿数的连乘积}}$$

式中　m——轮系中，外啮合圆柱齿轮副的数目。

 注意

1）上式中，$(-1)^m$ 在计算中表示轮系首末两轮回转方向的异同，计算结果为正，两轮回转方向相同；结果为负，两转回转方向相反。此判断方法只适用于平行轴圆柱齿轮传动的轮系。

2）当定轴轮系中有锥齿轮副、蜗杆副时，各级传动轴不一定平行，确定末轮的回转方向，只能使用标注箭头的方法。

例如，已知轮系如图 3-19 所示，求 i_{15} 并 n_5 转向。

解：i_{15} 可用下式计算：

$$i_{15} = i_{12} i_{2'3} i_{3'4} i_{45}$$

$$= \left(-\frac{z_2}{z_1}\right)\left(\frac{z_3}{z_{2'}}\right)\left(-\frac{z_4}{z_{3'}}\right)\left(-\frac{z_5}{z_4}\right) = -\frac{z_2 z_3 z_5}{z_1 z_2 z_3}$$

图 3-19　轮系

其中，z_4 的大小并不影响传动比的数值，只改变传动方向。这种齿轮称为惰轮。

 实施活动　计算齿轮的几何尺寸

分组教学，以 6 人一小组为单位，进行讨论。

一、工具/仪器

参考书，设计手册。

二、工作流程

1）已知一标准直齿圆柱齿轮的齿数 $z = 42$，齿顶圆直径为 264mm。查表计算分度圆直径、齿根圆直径、齿距和齿高。

2）搞技术革新需要一对传动比 $i=3$ 的直齿圆柱齿轮。现从备件库中找到两个齿形角 $\alpha=20°$ 的直齿轮，进行测量，齿数 $z_1=20$，$z_2=60$，齿顶圆直径 $d_{a1}=55mm$，$d_{a2}=186mm$。请问这两个齿轮是否能配对使用？为什么？

3）计算定轴轮系的传动比，判断末轮的旋转方向。

① 在图 3-20 所示轮系中，已知蜗杆为单头且右旋，转速 $n_1=1440r/min$，转动方向如图所示，其余各轮齿数为 $z_2=40$，$z_{2'}=20$，$z_3=30$，$z_{3'}=18$，$z_4=54$，试说明轮系属于何种类型；计算齿轮 4 的转速 n_4；在图中标出齿轮 4 的转动方向。

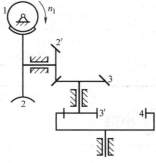

图 3-20　轮系

② 如图 3-21 所示的轮系中，已知单头蜗杆转向和旋向，$z_2=56$，$z_{2'}=50$，$z_3=80$，$z_{4'}=30$，$z_5=50$，且齿轮 2、2′和齿轮 4、4′同轴线，求 i_{15}。

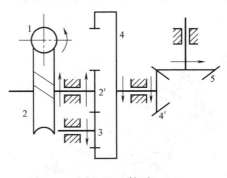

图 3-21　轮系

活动评价（表3-10）

表3-10　活动评价表

完 成 日 期			工 时	120min	总 耗 时	
任务环节	评 分 标 准			所占分数	考 核情 况	扣分	得分
计算齿轮几何尺寸	1. 为完成本次活动是否做好课前准备（充分5分，一般3分，没有准备0分） 2. 本次活动完成情况（好10分，一般6分，不好3分） 3. 完成任务是否积极主动，并有收获（是5分，积极但没收获3分，不积极但有收获1分）			20	自我评价： 学生签名		
	1. 准时参加各项任务（5分）（迟到者扣2分） 2. 积极参与本次任务的讨论（10分） 3. 为本次任务的完成，提出了自己独到的见解（5分） 4. 团结、协作性强（5分） 5. 超时扣5～10分			30	小组评价： 组长签名		
	1. 工作页填错一处扣2分 2. 计算过程错误扣2分 3. 判断方向错误扣2分 4. 超时扣3分 5. 违反安全操作规程扣5～10分 6. 工作台及场地脏乱扣5～10分			50	教师评价： 教师签名		
	总分						

小提示

只有通过以上评价，才能继续学习哦！

3.2.3　绘制标准直齿圆柱齿轮

一、剖视图的基本概念

1. 剖视图的形成

剖视图，简称剖视，是假想地用剖切平面剖开物体，将处在观察者和剖切平面之间的部分移动，而将其余部分向投影面投射所得的图形，如图3-22所示。剖视图的画法如图3-23所示。

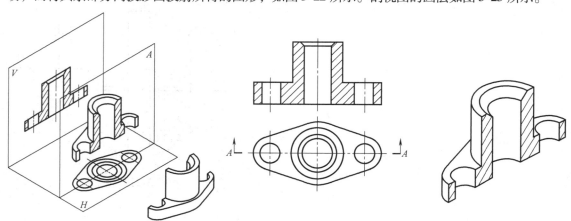

图3-22　剖视图的形成　　　　　　　　　　图3-23　剖视图的画法

2. 剖面符号（表3-11）

表3-11　不同材料的剖面符号

材料类别	图例	材料类别	图例	材料类别	图例
金属材料		木质胶合板（不分层数）		线圈绕组元件	
基础周围的泥土		转子、电枢、变压器和电抗器等叠钢片		非金属材料	
型砂、填砂、粉末冶金、砂轮、陶瓷刀片、硬质合金刀片等		玻璃及供观察用的其他透明材料		格网（筛网、过滤网等）	
混凝土		砖		钢筋混凝土	
木材纵断面		木材横断面		液体	

当剖视图中的主要轮廓线与水平方向成45°或接近45°时，剖面线的角度可画成90°、0°、30°、60°，如图3-24所示。

二、剖视图的种类

1. 全剖视图

用剖切平面（一个或几个）完全地剖开机件所得的剖视图称为全剖视图，用于内形比较复杂、外形比较简单或外形已在其他视图上表达清楚的零件，如图3-25所示。

图3-24　特殊情况剖面线的画法

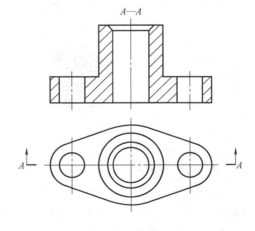

图3-25　全剖视图

2. 半剖视图

半剖视图用于外部有形状需要表达，内部有孔、槽，且在这个方向上为对称图形的形

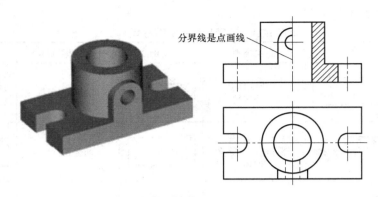

分界线是点画线

图 3-26　半剖视图

体，如图 3-26 所示。半剖视图的优点是既可表达，又可看清结构。

注意

1）半剖视图中，剖视图和视图的分界线应是＿＿＿＿＿（A. 对称中心线　B. 轮廓线），画＿＿＿＿＿（A. 细点画线　B. 粗实线），不能是其他任何图线，也不应与轮廓线重合。

2）在半个剖视图中已表达清楚的内形，在另半个视图中其虚线＿＿＿＿＿（A. 画　B. 不画），但应画出孔或槽的中心线。

3）若机件虽然对称，但对称面的外形上有轮廓线时，＿＿＿＿＿（A. 适合　B. 不适合）作半剖，如图 3-27 所示。

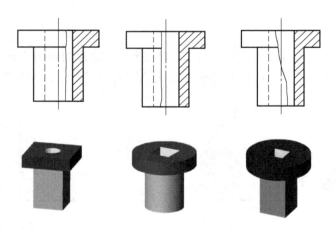

图 3-27　不能作半剖的机件

3. 局部剖视图

用剖切平面局部地剖开机件所得的剖视图称为局部剖视图。其优点是既能把物体局部的内部形状表达清楚，又能保留物体的某些外形，其剖切的位置和范围可根据需要而定，是一种极其灵活的表达方法。

注意

1）局部剖视图（图 3-28）用＿＿＿＿＿（A. 波浪线　B. 细实线）分界，＿＿＿＿＿（A. 波

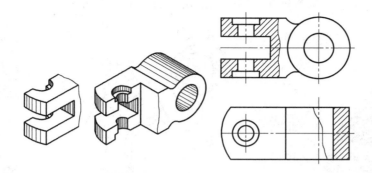

图 3-28　局部剖视图

浪线　B. 细实线）不应和图样上的其他图线重合，也不能画在其他图线的线上。

2）波浪线是机件的断裂线，有实体的地方才画（图 3-29）。

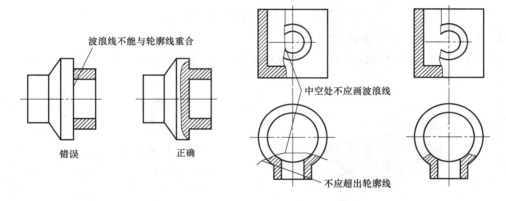

图 3-29　局部剖视图中波浪线的画法

三、剖切面的种类及剖切方法

1. 单一剖切面剖切

1）用平行于某一基本投影面的平面剖切，如图 3-30 所示。

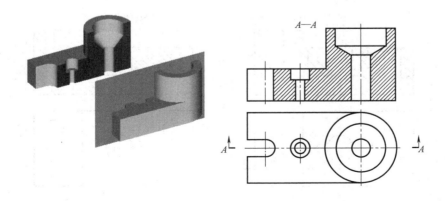

图 3-30　单一剖切面剖切（一）

2）用不平行于任何基本投影面的平面剖切，如图 3-31 所示。

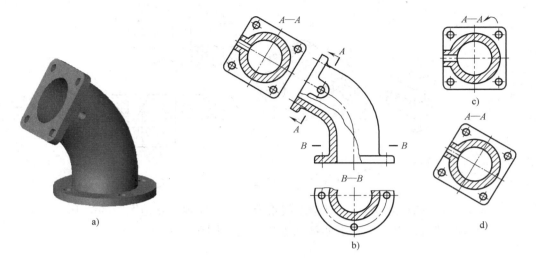

图 3-31　单一剖切面剖切（二）

2. 用几个平行的剖切平面剖切

用几个平行的剖切平面剖切，如图 3-32 所示，注意事项如图 3-33 所示。

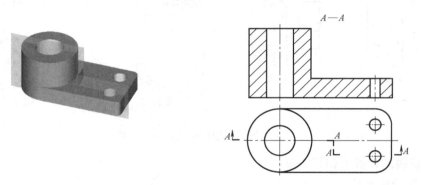

图 3-32　用几个平行的剖切平面剖切

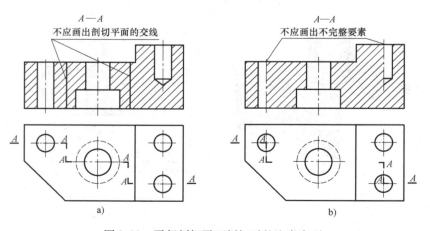

图 3-33　平行剖切平面剖切时的注意事项

3. 用几个相交的剖切平面剖切

1）用两个相交的剖切平面剖切，如图 3-34 所示。

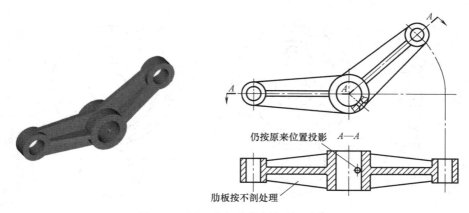

图 3-34　用两个相交的剖切平面剖切

2）用组合的剖切平面剖切，如图 3-35 所示。

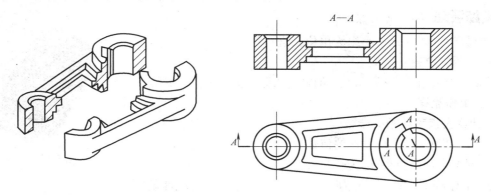

图 3-35　用组合的剖切平面剖切

4. 单个齿轮的画法

单个齿轮的画法如图 3-36 所示。

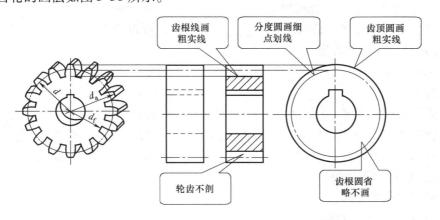

图 3-36　单个齿轮的画法

5. 两齿轮啮合的画法

两齿轮啮合的画法如图 3-37 所示。

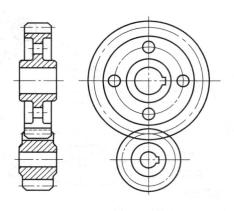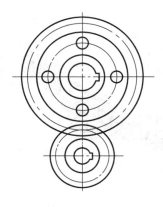

图 3-37　两齿轮啮合的画法

实施活动 绘制减速器齿轮

分组教学，以 4 人一小组为单位，进行练习。

一、工具/仪器

图板、绘图铅笔、橡皮、三角板、图纸、胶带纸、丁字尺。

二、工作流程

1. 计算大齿轮的相关参数

1）数出齿轮（图 3-38）的齿数为＿＿＿＿＿＿＿＿。

2）测量齿顶圆直径 d_a 为＿＿＿＿＿＿＿＿。

图 3-38　齿轮

3）计算模数 m，公式为 $m =$ ＿＿＿＿＿＿＿＿；计算模数

为＿＿＿＿＿＿＿＿。

查表，根据标准模数校核，取接近的标准模数 m 为＿＿＿＿＿＿＿＿。

4）计算分度圆直径 d，公式为 $d =$ ＿＿＿＿＿＿；分度圆直径 d 为＿＿＿＿＿＿。

5）计算齿顶圆直径 d_a，公式为 $d_a =$ ＿＿＿＿＿＿；齿顶圆直径 d_a 为＿＿＿＿＿＿。

6）计算齿根圆直径 d_f，公式为 $d_f =$ ＿＿＿＿＿＿；齿顶圆直径 d_f 为＿＿＿＿＿＿。

2. 计算小齿轮的相关参数

1）数出小齿轮的齿数为＿＿＿＿＿＿＿＿。

2）模数为＿＿＿＿＿＿＿＿。

3）计算分度圆直径 d，公式为 $d =$ ＿＿＿＿＿＿；分度圆直径 d 为＿＿＿＿＿＿。

4）计算齿顶圆直径 d_a，公式为 $d_a =$ ＿＿＿＿＿＿；齿顶圆直径 d_a 为＿＿＿＿＿＿。

5）计算齿根圆直径 d_f，公式为 $d_f =$ ＿＿＿＿＿＿；齿根圆直径 d_f 为＿＿＿＿＿＿。

3. 绘制大齿轮的零件图

1）绘制三视图中心线。

2）绘制分度圆和分度线，用＿＿＿＿＿＿线表示。

3）绘制齿根圆，用＿＿＿＿＿＿线表示或＿＿＿＿＿＿。

在剖视图中，轮齿按＿＿＿＿＿＿＿＿（A. 剖　B. 不剖）处理，齿根线用＿＿＿＿＿＿＿＿线表示。

4. 绘制小齿轮的零件图

略。

5. 绘制减速器中的齿轮及两齿轮的啮合图

1）在投影为圆的视图中，啮合区的齿顶圆用＿＿＿＿＿＿＿＿（A. 粗实线　B. 细实线）绘制，也可以＿＿＿＿＿＿＿＿（A. 画　B. 不画）。

2）在投影为非圆的视图中，如画外形视图，啮合区画＿＿＿＿＿＿＿＿（A. 一条　B. 两条）粗实线。

3）当采用剖视图时，将啮合区一个轮齿的齿顶圆画成＿＿＿＿＿＿＿＿（A. 粗实线　B. 细实线），另一个轮齿的齿顶线画成＿＿＿＿＿＿（A. 虚线　B. 细实线）。

6. 检查、描深

略。

活动评价（表3-12）

表3-12　活动评价表

完成日期			工时	120min	总耗时		
任务环节	评　分　标　准			所占分数	考核情况	扣分	得分
绘制减速器齿轮	1. 为完成本次活动是否做好课前准备（充分5分，一般3分，没有准备0分） 2. 本次活动完成情况（好10分，一般6分，不好3分） 3. 完成任务是否积极主动，并有收获（是5分，积极但没收获3分，不积极但有收获1分）			20	自我评价： 学生签名		
	1. 准时参加各项任务（5分）（迟到者扣2分） 2. 积极参与本次任务的讨论（10分） 3. 为本次任务的完成，提出了自己独到的见解（5分） 4. 团结、协作性强（5分） 5. 超时扣5～10分			30	小组评价： 组长签名		
	1. 图幅设置错误扣2分 2. 工作页填错一处扣2分 3. 线型使用错误一处扣2分 4. 字体书写不认真，一处扣2分 5. 图面不干净、整洁，扣2～5分 6. 超时扣3分 7. 违反安全操作规程扣5～10分 8. 工作台及场地脏乱扣5～10分			50	教师评价： 教师签名		
	总分						

小提示

只有通过以上评价，才能继续学习哦！

活动三　测量并标注减速器齿轮

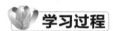 **能力目标**

1）明确齿轮误差及其评定指标。
2）解释齿轮尺寸公差和几何公差的选用。
3）能查表确定齿轮主要误差评定指标的检测方法。
4）阅读使用说明书，明确常用齿轮测量器具的使用方法。

活动地点

零件测绘与分析学习工作站。

学习过程

你要掌握以下资讯与决策，
才能顺利完成任务

一、对齿轮传动的基本要求（表3-13）

表3-13　齿轮传动要求及应用

齿轮传动的基本要求	含　义	应用举例
传递运动的准确性	要求齿轮在一转范围内，最大转角误差限制在一定范围内，以保证从动件与主动件的运动协调一致	百分表、分度头中的齿轮
传动的平稳性	要求齿轮传动的瞬时传动比的变化尽量小，以防止瞬时传动比的变化引起齿轮传动的冲击、振动和噪声	高速传动的齿轮，机床、汽车中的齿轮
载荷分布的均匀性	要求齿轮啮合时，齿面应接触良好，以免引起应力集中，造成齿面局部磨损，影响齿轮使用寿命	矿山机械中的齿轮，机床、汽车中的齿轮
传动侧隙的合理性	要求齿轮啮合时，非工作齿面间应有一定的间隙，用于储存润滑油，补偿弹性变形和热变形，以及齿轮的制造和装配误差等	经常正反转的齿轮，为减小回程误差，应适当减小侧隙

上述四项要求中，前三项是对齿轮传动的精度要求。不同用途的齿轮及齿轮副对每项精度要求的侧重点是_____（A. 同　B. 不同）的。

二、齿轮的精度等级及公差组

国家标准（GB/T 10095.1—2008）对轮齿同侧齿面公差规定了13个精度等级，其中0级的精度最高，12级的精度最_____（A. 高　B. 低）。

国家标准（GB/T 10095.2—2008）对径向综合公差的轮齿精度规定了9个精度等级，其中4级的精度最高，12级的精度最低；对径向圆跳动公差规定了13个精度等级，其中0级最高，12级最低。高精度等级为3、4、5级；中等精度等级为6、7、8级；低精度等级为_____级。

各类机械传动中所应用的齿轮精度等级见表3-14。

表3-14　各类机械传动中所应用的齿轮精度等级

产品类型	精度等级	产品类型	精度等级	产品类型	精度等级
测量齿轮	2~5	透平齿轮	3~6	金属切削机床	3~8
内燃机车	6~7	汽车底盘	5~8	轻型汽车	5~8
通用减速器	6~9	起重机械	7~10	农业机械	8~11

按齿轮各项误差对传动性能的主要影响，齿轮公差分成Ⅰ、Ⅱ、Ⅲ三个公差组（表3-15）。在生产中，同一个公差组内的各项指标分为若干个检验组，根据齿轮副的功能要求和生产规模，在各公差等级中选定一个检验组来检查齿轮的精度。

表3-15　齿轮的公差组

公差组	对传动的主要影响	误差特性	公差与极限偏差项目
Ⅰ	传动的准确性	一转内转角误差	F_i'、F_p、F_{pk}、F_i''、F_r、F_w
Ⅱ	传动的平稳性	齿轮一个周节内的转角误差	f_i'、f_i''、f_f、$\pm f_{pt}$、$\pm f_{pb}$、$f_{f\beta}$
Ⅲ	载荷分布的均匀性	齿线的误差	F_β、F_b、$\pm F_{px}$

根据使用要求的不同，各公差组可选相同或不同的精度等级，但在同一公差组内，各项公差与极限偏差应保持相同的精度等级。

精度等级的标注形式如下：

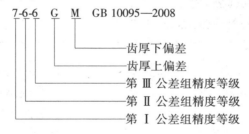

影响传动准确性第Ⅰ公差组的检验组见表3-16，影响齿轮传动平稳性误差的第Ⅱ公差组的检验组见表3-17。

表3-16　影响传动准确性第Ⅰ公差组的检验组

检验组	公差代号	检验内容
1	F_i'	切向综合误差为综合指标
2	F_p 或 F_{pk}	齿距累积误差或 k 个齿距累积误差（ΔF_{pk} 仅在必要时检验）
3	F_i'' 和 F_w	径向综合误差和公法线长度变动误差
4	F_r 和 F_w	齿圈径向圆跳动误差和公法线长度变动误差
5	F_r	齿圈径向圆跳动误差

表3-17　影响齿轮传动平稳性误差的第Ⅱ公差组的检验组

检验组	公差代号	检验内容
1	f_i'	切向综合误差，为综合指标（特殊需要时加检 ΔF_{pb}）
2	f_i''	径向综合误差，它也是综合指标
3	f_f 和 f_{pt}	齿形误差和齿距极限偏差
4	f_f 和 f_{pb}	齿形误差和基节偏差
5	f_{pt} 和 f_{pb}	齿距偏差和基节偏差

三、齿轮的测量

齿轮测量分为单项测量（表3-18）和综合测量。

在生产过程中进行的工艺测量一般采用_____（A. 单项测量　B. 综合测量），目的是为了检查工艺加工过程中产生误差的原因，以便及时调整工艺过程。综合测量在齿轮加工后进行，目的是判断齿轮各项精度指标是否达到图样上规定的要求。

表 3-18　齿轮单项测量项目

测量项目	符号	说　　明	测量器具	对传动影响
齿厚偏差	E_{sn}	在分度圆柱面上，法向齿厚的实际值与公称值之差	齿厚游标卡尺	侧隙的合理性
单个齿距偏差	f_{pt}	分度圆上实际齿距与公称齿距之差	齿轮周节检查仪	传动的平稳性
齿距累积误差	F_{pk}	在分度圆上，任意 k 个同侧齿面间的实际弧长与公称弧长的最大差值	齿轮周节检查仪	运动的准确性
基节偏差	f_{pb}	实际基节与公称基节之差	基节检查仪	传动的平稳性
公法线变动量	E_{bn}	齿轮一转内，实际公法线长度的最大值与最小值之差	公法线千分尺	运动的准确性
齿圈径向圆跳动误差	F_r	齿轮一转内，测头在齿槽内齿高中部双面接触，测头相对于齿轮轴线的最大变动量	径向圆跳动检查仪、偏摆检查仪、万能测齿仪	运动的准确性

四、齿轮尺寸公差和几何公差的标注

齿轮尺寸公差和几何公差的标注如图3-39所示。

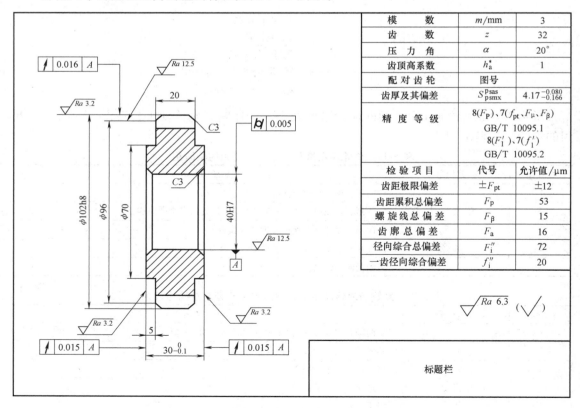

图 3-39　标注举例

实施活动 测量并标注齿轮

任务一：确定并标注齿轮尺寸公差及几何公差

分组教学，以 6 人一小组为单位进行。

一、工具/仪器

绘图工具 1 套/人，齿轮径 向圆跳动检查仪 2 套/组，公法线千分尺 2 套/组。

二、工作流程

1）根据齿轮的使用要求，减速器直齿圆柱齿轮属于_____齿轮。

A. 一般动力齿轮　　　　　　　B. 动力齿轮

C. 高速齿轮　　　　　　　　　D. 读数、分度用齿轮

通常对_____和_____有所要求。

A. 传递运动的准性　　　　　　B. 传递运动的平稳性

C. 载荷分布的均匀性　　　　　D. 侧隙

2）根据齿轮的使用要求，查常用齿轮精度等级的适用范围表、各类机械中的齿轮精度等级表确定减速器直齿圆柱齿轮的精度等级为_____。

3）齿轮内孔与传动轴的的配合是固定齿轮与轴的配合，配合公差代号为_____。

4）根据公差代号、齿轮直径等查出齿顶圆的尺寸公差_____，齿轮内孔的配合公差_____。

5）根据使用要求确定键槽的尺寸与几何公差为_____。

6）确定齿轮各表面的粗糙度值。齿顶圆表面粗糙度值为_____，齿端面表面粗糙度值为_____。

7）标注齿轮。

任务二：检测减速器传动齿轮齿圈的径向圆跳动

分组教学，以 6 人一小组为单位进行。

一、工具/仪器

绘图工具 1 套/人、齿轮径向圆跳动检查仪 2 套/组、公法线千分尺 2 套/组。

二、工作流程

1）齿轮径向圆跳动检查仪如图 3-40 所示。

2）检测方法如图 3-41 所示。

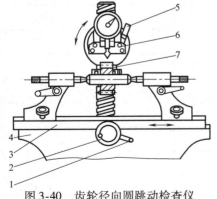

图 3-40　齿轮径向圆跳动检查仪
1—手柄　2—手轮　3—滑板　4—底座　5—转动
手柄　6—千分表架　7—升降螺母

图 3-41　用齿轮径向圆跳动检查仪
检测齿圈径向圆跳动

3）检测步骤如下：

① 根据不同模数的齿轮，从表 3-19 中选用不同直径的测头_____，装入指示表测量杆的下端。

表 3-19　测头推荐值

模数/mm	0.3	0.5	0.7	1	1.25	1.5	1.75	2	3	4	5
测头直径/mm	0.5	0.8	1.2	1.7	2.1	2.5	2.9	3.3	5.0	6.7	8.3

② 将被测齿轮和心轴装在仪器的两顶尖之间，锁紧两头的螺钉。

③ 旋转手柄 1，调整滑板 3 的位置，使指示表测头位于齿宽的中部。调整升降螺母 7，使指示表指针压缩 1~2 圈，将指示表对零。

④ 依次测量一圈，并记录指示表读数。其中最大读数与最小读数之差即为 ΔF_r。

⑤ 判断该齿轮齿圈径向圆跳动的合格性。

⑥ 填写实验报告（表 3-20）。

表 3-20　实验报告

被测齿轮	模数	齿数	齿形角	编号	公差标准
	齿轮径向圆跳动公差				
计量器具	名称与型号		测量范围		分度值

测量结果					
测量序号	读数	测量序号	读数	测量序号	读数
1					
2					
3					
4					
5					
6					
7					
8					
9					
10					
实测齿圈径向跳动					
合格性判断					
姓名		班级		学号	成绩

 **活动评价**（表3-21）

表3-21　活动评价表

任务环节	评 分 标 准	所占分数	考 核情 况	扣分	得分
测量并标注减速器齿轮	1. 为完成本次活动是否做好课前准备(充分5分,一般3分,没有准备0分) 2. 本次活动完成情况(好10分,一般6分,不好3分) 3. 完成任务是否积极主动,并有收获(是5分,积极但没收获3分,不积极但有收获1分)	30	自我评价： 学生签名		
	1. 准时参加各项任务(5分)(迟到者扣2分) 2. 积极参与本次任务的讨论(10分) 3. 为本次任务的完成,提出了自己独到的见解(3分) 4. 团结、协作性强(2分) 5. 超时扣2分	40	小组评价： 组长签名		
	1. 确定减速器直齿圆柱齿轮的精度等级,选错一次扣2分 2. 齿轮内孔与传动轴的的配合代号错一处扣2分 3. 确定键槽的尺寸与几何公差,错一处扣2分 4. 确定齿轮各表面的表面粗糙度值,错一处扣2分 5. 齿轮标注,错一处扣2分 6. 实验报告少写或错一处扣2分 7. 超时扣3分 8. 违反安全操作规程扣2~5分 9. 工作台及场地脏乱扣2~5分	30	教师评价： 教师签名		
	总分				

💡 **小提示**

只有通过以上评价,才能继续学习哦!

活动四　分析减速器齿轮

🌀 **能力目标**

1）叙述齿轮轮齿的失效形式。

2）解释齿轮材料的基本要求。

3）明确齿轮零件毛坯的技术要求。

4）能叙述锻造工艺过程。

5）叙述锻造成型的基本工艺及过程。

6）明确锻造成型常用方法的分类及应用。

7）叙述锻压工艺对材料性能的影响。

活动地点

零件测绘与分析学习工作站。

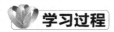

学习过程

你要掌握以下资讯与决策，才能顺利完成任务

3.4.1 判断齿轮的失效形式

齿轮传动过程中，若轮齿发生折断、齿面损坏等现象，则齿轮失去了正常的工作能力，称为失效（表3-22）。

表3-22 齿轮的失效

失效类型	实例	引起原因	发生部位	避免措施
齿面点蚀		很小的面接触和应力循环变化，导致齿面表层产生细微疲劳裂纹，微粒剥落而形成麻点	靠近节线的齿根表面	提高齿面硬度
齿面磨损		接触表面间有较大的相对滑动，产生滑动摩擦	轮齿接触表面	提高齿面硬度，减小表面粗糙度值，改善润滑条件，加大模数，用闭式齿轮传动结构代替开式齿轮传动结构
齿面胶合		高速重载、啮合区温度升高引起润滑失效，齿面金属直接接触并粘连，较软的齿面被撕下而形成沟纹	轮齿接触表面	提高齿面硬度，减小表面粗糙度值，采用粘度大和抗胶合性能好的润滑油
齿面塑性变形		低速重载，齿面压力过大	轮齿	减小载荷，降低起动频率
轮齿折断		短时意外的严重过载，超过弯曲疲劳极限	齿根部分	选择适当的模数和齿宽，采用合适的材料及热处理方法，减小表面粗糙度值，降低齿根弯曲应力

实施活动 判断齿轮的失效形式

分组教学，以 6 人一小组为单位，进行讨论。

一、工具/仪器

参考书，设计手册。

二、工作流程

1. 齿轮的工作条件

1）小齿轮的工作条件。

2）大齿轮的工作条件。

2. 分析齿轮可能出现的失效形式

普通闭式传动的主要失效形式为轮齿的疲劳折断和点蚀。

普通开式传动的主要失效形式为轮齿的疲劳折断和磨粒磨损。

减速器中齿轮可能出现的主要失效形式为＿＿＿＿＿＿＿＿＿＿＿＿＿＿＿＿＿＿＿。

3.4.2　选择齿轮材料

一、齿轮材料的基本要求

为了使齿轮能正常工作，齿轮材料应保证轮齿表面有足够的＿＿＿＿＿＿＿＿，以增强它的抗点蚀、抗磨损、抗胶合和抗塑性变形的能力；齿轮心部应有足够的＿＿＿＿＿＿＿＿和＿＿＿＿＿＿＿＿＿，以抵抗齿根折断和冲击载荷；同时材料应具有良好的加工性能和热处理性能，使之便于加工，利于提高其力学性能。总体要求是齿面要硬、齿心要韧。常用齿轮材料及其力学性能见表 3-23。

1. 软齿面齿轮

对于软齿面齿轮，常用的齿轮材料有 35 钢、45 钢、35SiMn、40Cr 等，其热处理方法为调质或正火处理。调质后材料的综合性能良好，硬度一般为 280～300HBW，切齿后的精度一般可达 8 级，精切可达 7 级。正火处理可以改善材料的力学性能和切削性能，齿面硬度一般为 150～200HBW。

2. 硬齿面齿轮

对于硬齿面齿轮，通常是在调质后切齿，然后进行表面硬化处理。有的齿轮在硬化处理后还要进行精加工（如磨齿、剃齿等），故调质后的切齿应留有适当的加工余量。硬齿面主要用于高速、重载或要求尺寸紧凑的重要传动中。

表 3-23　常用齿轮材料及其力学性能

材料	牌号	热处理	硬度	抗拉强度/MPa	屈服强度/MPa	应 用 范 围
优质碳素钢	45	正火 调质 表面淬火	169～217HBW 217～255HBW 40～50HRC	580 650 750	290 360 450	低速轻载 低速中载 高速中载或低速重载,冲击很小
	50	正火	180～220HBW	620	320	低速轻载
合金钢	40Cr	调质 表面淬火	240～260HBW 48～55HRC	700 900	550 650	中速中载 高速中载,无剧烈冲击
	42SiMn	调质 表面淬火	217～269HBW 45～55HRC	750	470	高速中载,无剧烈冲击
	20Cr	渗碳淬火	56～62HRC	650	400	高速中载,无剧烈冲击
	20CrMnTi	渗碳淬火	56～62HRC	1100	850	
铸钢	ZG310～570	正火 表面淬火	160～210HBW 40～50HRC	570	320	中速、中载、大直径
	ZG340～640	正火 调质	170～230HBW 240～270HBW	650 700	350 380	
球墨铸铁	QT600-2 QT500-5	正火	220～280HBW 147～241HBW	600 500		低中速轻载,有小的冲击
灰铸铁	HT200 HT300	人工时效 （低温退火）	170～230HBW 187～235HBW	200 300		低速轻载,冲击很小

常用的齿轮材料首先是优质碳素钢和合金结构钢，其次是铸钢和铸铁，再次是非铁金属和工程塑料。

除尺寸较小、普通用途的齿轮采用圆轧钢毛坯外，大多数齿轮都采用锻钢毛坯；形状复杂、直径较大和不易锻造的齿轮采用铸钢或球墨铸铁材料；传递功率不大、低速、无冲击及开式齿轮传动中的齿轮，常采用灰铸铁材料。

非铁金属仅用于制造有特殊要求（如耐腐蚀、防磁性等）的齿轮。对高速、轻载及精度要求不高的齿轮，为减小噪声，也可采用非金属材料（如塑料、尼龙、夹布胶木等）做成小齿轮，大齿轮仍用钢或铸铁材料。

二、合金钢

合金钢是在碳素钢中添加一些合金元素而炼制的一类钢，以改善碳素钢的性能。其特点是具有良好的综合力学性能，淬透性好，能满足一些特殊性能（如耐热、耐腐蚀、高磁性或无磁性、耐磨），在机械制造中广泛采用。

1. 合金钢的分类

（1）按用途分　合金钢按用途分类如下：

1）合金结构钢：用于制造机械零件和工程结构的钢。

2）合金工具钢：用于制造各种加工工具的钢。

3）特殊性能钢：具有某种特殊的物理、化学性能的钢，如不锈钢、耐热钢和耐磨钢。

（2）按所含合金元素总含量分　按所含合金元素的总含量分类如下：

1）微合金钢：合金元素总含量 0.001% ~ 0.1%。

2）低合金钢：合金元素总含量 1% ~ 5%。

3）中合金钢：合金元素总含量 5% ~ 10%。

4）高合金钢：合金元素总含量 > 10%。

2. 合金结构钢

在碳素结构钢中添加 Cr、Ni、Mn、Si、Mo、W、V、Ti 等合金元素，使其具有较高强度、韧性和淬透性。

（1）合金结构钢的分类及牌号　其分类及牌号如下：

合金结构钢 { 普通低合金钢
机械制造用钢（调质钢、渗碳钢、弹簧钢、滚动轴承钢、超高强度钢）

牌号表示方法为：

两位数字(碳含量) + 元素符号(或汉字) + 数字

合金元素的质量分数的百分之几
（< 1.5% 不标出，1.5% ~ 2.5%
标 2，2.5% ~ 3.5% 标 3…）

合金元素

钢的平均碳的质量分数的万分之几

如 40Cr 表示平均碳的质量分数为_____（A. 0.40%　B. 4.0%），主要合金元素为 Cr（铬），其含量为_____（A. 1.5% 以下　B. 0）。

60Si2Mn 表示平均碳的质量分数为，主要合金元素为_____，其中 Si 的质量分数为_____（A. 1.5% ~ 2.5%　B. 2%），Mn 的质量分数为_____。

（2）合金工具钢的分类及牌号　其分类及牌号如下：

合金工具钢（按用途分）{ 合金刀具钢（低合金刀具钢、高速钢）
合金模具钢（冷模具钢、热模具钢）
合金量具钢

牌号表示方法为：

一位数字(碳的质量分数)＋元素符号(或汉字)＋数字

合金元素的质量分数的百分之几
（＜11.5% 不标出，1.5% ~ 12.5%
标 12…）

合金元素

钢的平均碳的质量分数的千分之几(碳的质量分数 ≥ 1% 不标出，
高速钢例外，均不标出)

如 9CrSi 为工具钢，表示平均碳的质量分数为 _____ （A．0.90%　B．0.09%），主要合金元素为 Cr（铬）、Si（硅），其质量分数 Cr _____、Si _____ （A．1.5% 以下　B．0）。

Cr12MoV 为工具钢，表示平均碳的质量分数 _____ （A．大于　B．小于）1%，主要合金元素为 _____、_____、_____，其中，Cr _____ （A．11.5% ~ 12.5%　B．12%），Mo、V 的质量分数为 _____。

W18Cr4V 为高速钢，表示平均碳的质量分数为 0.70% ~ 0.80%，主要合金元素为 _____、_____、_____，其中，W 的质量分数为 _____，Cr 的质量分数为 _____，V 的质量分数为 _____。

实施活动　选择齿轮材料

分组教学，以 6 人一小组为单位，进行讨论。

一、工具/仪器

参考书，设计手册。

二、工作流程

1. 齿轮材料选用的基本原则

1）齿轮材料必须满足工作条件的要求，如强度、寿命、可靠性、经济性等。

2）应考虑齿轮尺寸的大小，毛坯成型方法及热处理和制造工艺。

3）钢制软齿面齿轮，小齿轮的齿面硬度－大齿轮的齿面硬度＝30 ~ 50HBW，原因是小齿轮受载荷次数比大齿轮 _____ （A．多　B．少），且小齿轮齿根较 _____ （A．薄　B．厚）。为使两齿轮的轮齿接近等强度，小齿轮的齿面要比大齿轮的齿面 _____ （A．硬　B．软）一些。

2. 齿轮常用材料

1）钢：许多钢材经过适当的热处理或表面处理，可以成为常用的齿轮材料。

2）铸铁：常作为低速、轻载、不太重要场合的齿轮材料。

3）非金属材料：适用于高速、轻载、且要求降低噪声的场合。

根据以上分析：

小齿轮的采用的材料是 _____。

大齿轮的采用的材料是 _____。

活动评价（表3-24）

表3-24　活动评价表

完 成 日 期			工时	120min	总 耗 时		
任务环节	评 分 标 准			所占分数	考 核情 况	扣分	得分
选择齿轮材料	1. 为完成本次活动是否做好课前准备（充分5分，一般3分，没有准备0分） 2. 本次活动完成情况（好10分，一般6分，不好3分） 3. 完成任务是否积极主动，并有收获（是5分，积极但没收获3分，不积极但有收获1分）			20	自我评价： 学生签名		
	1. 准时参加各项任务（5分）（迟到者扣2分） 2. 积极参与本次任务的讨论（10分） 3. 为本次任务的完成，提出了自己独到的见解（5分） 4. 团结、协作性强（5分） 5. 超时扣5~10分			30	小组评价： 组长签名		
	1. 工作页填错扣2分 2. 工作页漏填一处扣2分 3. 工作条件分析错误，扣2分 4. 选择材料错误，扣2分 5. 超时扣3分 6. 违反安全操作规程扣5~10分 7. 工作台及场地脏乱扣5~10分			50	教师评价： 教师签名		
总分							

小提示

只有通过以上评价，才能继续学习哦！

3.4.3　制订齿轮热处理方案

一、钢的表面热处理工艺

钢的表面热处理的目的是使零件表面具有高硬度和耐磨性，而心部具有足够的塑性和韧性，即"外硬内韧"的力学性能。

钢的表面热处理的方法包括＿＿＿＿＿＿和＿＿＿＿＿＿两种。

二、钢的表面淬火

仅对工件表层进行淬火的工艺称为表面淬火。根据淬火加热的方法不同，分为火焰淬火（图3-42）、感应加热淬火（高频、中频、工频，如图3-43所示）、电接触加热淬火、激光加热淬火等。

1. 火焰淬火

应用氧—乙炔（或其他可燃气体）火焰对零件表面进行加热，随之快速冷却的工艺，如图3-42所示。其特点是：

1）火焰淬火的淬硬层深度为2~6mm。

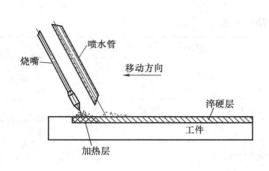

图 3-42　火焰淬火示意图　　　　　　　　　图 3-43　感应加热示意图

2）加热温度及淬硬层深度不易控制，淬火质量不稳定。

3）不需要特殊设备，适用于单件或小批量生产，适用于中碳钢、中碳合金钢制造的大型工件。

2. 感应加热淬火

利用感应电流通过工件所产生的热效应，使工件表面受到局部加热，并进行快速冷却的淬火工艺，如图 3-43 所示。其频率选择见表 3-25。

表 3-25　感应加热淬火的频率选择

类别	频率范围	淬硬层深度/mm	应用举例
高频感应加热	200～300kHz	0.5～2	在摩擦条件下工作的零件，如小齿轮、小轴
中频感应加热	1～10kHz	2～8	承受扭曲、压力载荷的零件，如曲轴、大齿轮、主轴
工频感应加热	50Hz	10～15	承受扭曲、压力载荷的大型零件，如冷轨辊

感应加热淬火的特点如下：

1）加热速度快，零件由室温加热到淬火温度仅需几秒到几十秒。

2）淬火质量好，硬层比普通淬火高 2～3HRC。

3）淬硬层深度易于控制，易实现机械化和自动化，但设备较复杂，适用于大批量生产。

三、钢的化学热处理

化学热处理是将零件置于一定的化学介质中，通过加热、保温，使介质中一种或几种元素原子渗入工件表层，以改变钢表层的化学成分和组织的热处理工艺。

化学热处理的种类有：渗碳、渗氮、碳氮共渗、渗硼、渗铝、渗硫、渗硅、渗铬等。

钢的渗碳方法又分为固体渗碳、气体渗碳和液体渗碳法。固体渗碳法如图 3-44 所示，将相关名称填入图中。

实施活动 制定齿轮的热处理方案

分组教学，以 6 人一小组为单位，进行讨论。

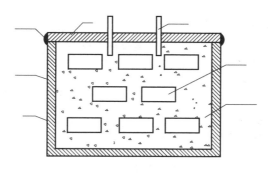

图 3-44　固体渗碳法

一、工具/仪器

参考书，设计手册。

二、工作流程

1. 分析齿轮的工作条件

减速器中的齿轮的工作条件为＿＿＿＿＿＿＿＿＿＿＿＿＿＿＿＿＿＿＿＿＿＿＿＿＿＿＿。

2. 确定齿轮的热处理技术

（1）要求　一对齿轮的材料搭配时，要求：

1）小齿轮的材料和热处理方法比大齿轮的＿＿＿＿（A. 强　B. 弱）。

2）为防止产生胶合，两轮的材料性能差别越大越＿＿＿＿（A. 好　B. 差）。

3）两轮的材料相同时，小齿轮齿面硬度应比大齿轮的＿＿＿＿（A. 高　B. 低）30～50HBW。

4）采用软—硬齿面搭配时，为预防冷作硬化作用，可提高齿面的＿＿＿＿（A. 疲劳强度　B. 强度　C. 硬度　D. 塑性）。

（2）软齿面齿轮　齿面硬度≤350HBW，常用中碳钢和中碳合金钢，如45钢、40Cr、35SiMn等材料，进行调质或正火处理。

（3）硬齿面齿轮　齿面硬度≥350HBW，常用的材料为中碳钢或中碳合金钢，经表面淬火处理。当尺寸为400～600mm，不便于锻造时，用铸造方法制成铸钢齿坯，再正火处理细化晶粒；当尺寸≥500mm，低速、轻载的齿轮，可以制成铸铁齿坯、大齿圈或轮辐式齿轮。

（4）非金属材料　高速轻载及精度不高的齿轮传动，为了降低噪声，常用非金属材料（如夹布胶木、尼龙等）制成小齿轮，大齿轮仍用钢或铸铁。

（5）选材　完成对齿轮的工作条件分析后，确定选用材料，整体硬度为＿＿＿＿＿＿＿HBW。加工工艺路线为＿＿＿＿＿＿＿＿＿＿＿＿＿＿＿＿＿＿＿＿＿＿＿＿＿＿＿＿＿＿＿。

3. 确定齿轮的加工中所采用的热处理工序

1）＿＿＿＿＿＿＿＿，主要目的是＿＿＿＿＿＿＿＿＿＿＿＿＿＿＿＿＿＿＿＿＿＿＿＿＿。

2）＿＿＿＿＿＿＿＿，主要目的是＿＿＿＿＿＿＿＿＿＿＿＿＿＿＿＿＿＿＿＿＿＿＿＿＿

＿＿＿。

3）＿＿＿＿＿＿＿＿，主要目的是＿＿＿＿＿＿＿＿＿＿＿＿＿＿＿＿＿＿＿＿＿＿＿＿＿

＿＿＿。

活动评价（表3-26）

表3-26　活动评价表

完 成 日 期			工时	120min	总 耗 时		
任务环节	评 分 标 准			所占分数	考 核情 况	扣分	得分
制定齿轮热处理方案	1. 为完成本次活动是否做好课前准备（充分5分，一般3分，没有准备0分） 2. 本次活动完成情况（好10分，一般6分，不好3分） 3. 完成任务是否积极主动，并有收获（是5分，积极但没收获3分，不积极但有收获1分）			20	自我评价： 学生签名		
	1. 准时参加各项任务（5分）（迟到者扣2分） 2. 积极参与本次任务的讨论（10分） 3. 为本次任务的完成，提出了自己独到的见解（5分） 4. 团结、协作性强（5分） 5. 超时扣5~10分			30	小组评价： 组长签名		
	1. 工作页填错扣2分 2. 工作页漏填一处扣2分 3. 工作条件分析错误扣2分 4. 热处理技术条件错误扣2分 5. 选择热处理工序错误扣2分 6. 超时扣3分 7. 违反安全操作规程扣5~10分 8. 工作台及场地脏乱扣5~10分			50	教师评价： 教师签名		
总分							

小提示

只有通过以上评价，才能继续学习哦！

3.4.4　分析齿轮毛坯的制造工艺

一、机械零件常用的毛坯类型

机械零件常用的毛坯类型有铸件、锻件、轧制型材、挤压件、冲压件、焊接件、粉末冶金件和注射成型件等。

二、毛坯的选择

1. 一般毛坯选择步骤

选择毛坯时，首先由设计人员提出毛坯材料和加工后要达到的质量要求；然后由工艺人员根据零件图、生产批量，并综合考虑交货期限及现有的设备、人员和技术水平等选定合适的毛坯生产方法。

2. 影响毛坯选择的因素

1）满足材料的工艺性能要求。

2）满足零件的使用要求。

3）满足降低生产成本的要求。

4）符合生产条件。

3. 齿轮毛坯的主要技术要求

1）基准孔（或轴）的直径公差。

2）基准端面的_____。

三、齿轮零件毛坯的制造

对于钢制齿轮，如果尺寸较小且性能要求不高，可直接采用热轧棒料，除此之外，一般都采用____（A. 焊接　B. 锻造　C. 铸造）毛坯，如图 3-45 所示。

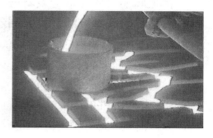

焊接　　　　　　　　　　锻造　　　　　　　　　　铸造

图 3-45　毛坯的制造类型

生产批量较小或尺寸较大的齿轮采用____（A. 自由锻造　B. 模锻）。

生产批量较大的中小尺寸齿轮采用____（A. 模锻　B. 自由锻造）。

对于直径较大，结构较复杂的不便于锻造的齿轮，可采用铸钢毛坯或焊接组合毛坯。

四、锻造

1. 锻造的概念

在加压设备及工（模）具的作用下，使坯料产生局部或全部塑性变形，以获得一定几何尺寸、形状和质量的锻件的加工方法称为锻造。

2. 锻造的分类

锻造可分为_____锻和_____锻，如图 3-46 所示。

3. 锻造的特点

1）改善金属的内部组织，提高金属的力学性能。锻造后的金属组织致密，纤维组织沿零件轮廓连续分布，其力学性能比铸件的好，所以锻造工艺主要用于重要零件的毛坯制造。

2）具有较高的劳动生产率。

3）适应范围广。锻件的质量小至不足 1kg，大至数百吨；既可进行单件、小批量生产，又可进行大批量生产。

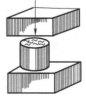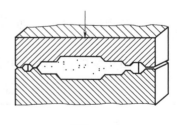

自由锻　　　　　　　　模锻

图 3-46　锻造方法示意图

4）采用精密模锻可使锻件尺寸、形状接近成品零件，因而可以大大地节省金属材料并减少切削加工工时。

5）不能锻造形状复杂的零件。由于锻造是在固态下成形的，故锻件形状的复杂程度一般不如铸件。

4. 锻件常见的冷却方法

1）空冷：适于低、中碳钢的小型锻件。

2）坑冷：适于低合金钢及尺寸较大的锻件。

3）随炉冷却：适于高合金钢及大型锻件。

五、自由锻

1. 自由锻的概念

将金属坯料放在锻造设备的上下抵铁之间，施加冲击力或压力，使之产生自由变形而获得所需形状的成形方法。主要用于单件、小批生产，也是生产大型锻件的唯一方法。

2. 自由锻的特点

1）工具简单，通用性好。

2）操作灵活，适应广泛。

3）大型锻件的唯一方法。

4）生产率低，精度差，形状简单。

3. 自由锻的设备

自由锻的设备为锻压机（图3-47），主要有空气锤和液压机两大类。

图3-47　锻压机

（1）自由锻的方法　常用方法有镦粗、拔长、冲孔、切割、弯曲、扭转、错移及锻接等。

（2）自由锻的缺点　自由锻的常见缺陷及产生原因见表3-27。

表3-27　自由锻的常见缺陷及产生原因

缺陷类型	产生缺陷的原因
裂纹	坯料质量不好、加热不充分、锻造温度过低、锻件冷却不当和锻造方法有误
末端凹陷	锻造时，坯料内部未热或坯料整个截面未锻透，变形只产生在坯料表面
折叠	坯料在锻压时送进量小于单面压下量

六、模锻

1. 模锻的概念

将加热后的坯料放入模具（图3-48）模腔内，施加冲击力或压力，使其在有限制的空间内产生塑性变形，从而获得与模腔形状相同的锻件（图3-49）的加工方法称为模锻。

图3-48　锻压模具

图3-49　锻压产品

2. 模锻的特点

模锻的优点如下：

1）由于有模腔引导金属的流动，锻件的形状可以比较复杂。

2）锻件内部的锻造流线按锻件轮廓分布，提高了零件的力学性能和使用寿命。

3）操作简单，易于实现机械化，生产率高。

模锻的缺点如下：模锻生产受到设备吨位的限制，只是用于中小锻件的生产，又由于模具制造费用高，故不适于单件小批量生产。

3. 模锻的分类

根据设备不同，模锻分为锤上模锻、曲柄压力机模锻、平锻机模锻、摩擦压力机模锻等。

锤上模锻所用的设备为模锻锤，通常为空气模锻锤，对于形状复杂的锻件，先在制坯模腔内初步成形，然后在锻模腔内锻造。

 实施活动　编写减速器传动齿轮件毛坯的制造工艺流程，认识锻压工艺对材料性能

分组教学，以6人一小组为单位进行。

一、工量具、设备

空气锤、模锻机。

二、工作流程

1. 确定减速器传动齿轮毛坯的制造工艺流程

齿轮的毛坯选择取决于齿轮的选材、结构形状、尺寸大小、使用条件及生产批量等因素。

1）根据减速器传动齿轮的使用要求，毛坯材料为_____。

A. 中碳钢（如45钢）　　　　　　B. 中碳合金钢（如40Cr）

C. 低碳合金钢（如20Cr）　　　　D. 非金属材料（如夹布胶木）

2）根据减速器传动齿轮的使用要求和毛坯的材料，毛坯数量为25件，选择毛坯制造方法为_____。

A. 铸造　　　　B. 焊接　　　　C. 锻造

3）根据毛坯制造方法确定加工设备为_____。

4）根据加工数量、加工方法确定毛坯加工劳动组织形式为_____。

A. 自动线生产　　　B. 流水线生产　　　C. 机群式生产

2. 认识锻压材料的性能和应用

经过分析，填写表 3-28。

表 3-28　锻压材料的性能和应用

材料种类	性　能	应　用
普通 45 钢		
锻造普通 45 钢		

活动评价（表 3-29）

表 3-29　活动评价表

完 成 日 期			工 时	120min	总 耗 时		
任务环节	评　分　标　准		所占分数	考 核情 况		扣分	得分
齿轮毛坯制造工艺分析	1. 为完成本次活动是否做好课前准备（充分 5 分，一般 3 分，没有准备 0 分） 2. 本次活动完成情况（好 10 分，一般 6 分，不好 3 分） 3. 完成任务是否积极主动，并有收获（是 5 分，积极但没收获 3 分，不积极但有收获 1 分）		20	自我评价：	学生签名		
	1. 准时参加各项任务（5 分）（迟到者扣 2 分） 2. 积极参与本次任务的讨论（10 分） 3. 为本次任务的完成，提出了自己独到的见解（5 分） 4. 团结、协作性强（5 分） 5. 超时扣 5～10 分		30	小组评价：	组长签名		
	1. 工作页漏写、错写一处扣 2 分 2. 图面不干净、整洁者扣 2～5 分 3. 超时扣 3 分 4. 违反安全操作规程扣 5～10 分 5. 工作台及场地脏乱扣 5～10 分		50	教师评价：	教师签名		
总分							

小提示

只有通过以上评价，才能继续学习哦！

活动五　计算机绘制减速器齿轮

能力目标

1）掌握 AutoCAD 软件基本操作（启动软件、新建文件、保存文件）。

2）掌握 AutoCAD 绘图的基本方法和技巧。

3）能选择合适的绘图命令、修改命令绘制几何图形。

4）能选择合适的绘图命令绘制轴零件图，并标注尺寸及技术要求。

5）正确设置图纸参数，将完成的图样打印归档。

活动地点

零件测绘与分析学习工作站、计算机室。

学习过程

你要掌握以下资讯与决策，才能顺利完成任务

零件图上的技术要求包括表面结构要求、几何公差、热处理要求及文字说明等。

AutoCAD 中"块"是由多个图素组成的一个整体，为绘制多个相同的图形组合提供了快捷途径。块也可以附加不同的属性。在某个图形文件中创建的块定义只能用于该文件，不能使用"删除"命令删除，只能用"清理"命令将其从图形文件中清除。通常 AutoCAD 中，表面结构要求代号和几何公差中的基准符号用带属性的块标注，操作过程分为三个步骤，如图 3-50 所示。

图 3-50　块的操作过程

1. 表面结构代号的标注

定义表面结构要求符号块的过程如下：

1）在 0 层上绘制基本符号，尺寸如图 3-51 所示，完成图形"√"。

2）定义块属性：【绘图】→【块】→【定义属性】，参数如图 3-52 所示，完成图"√ Ra"。

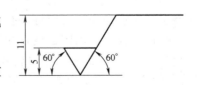

图 3-51　表面结构代号

图 3-52　块属性

3）创建块 ：【绘图】→【块】→【创建】。将基本符号和块属性一起定义为块（图 3-53），"插入点"在屏幕上拾取正三角形最下角点，如图 3-54 所示。

图 3-53　"块定义"对话框

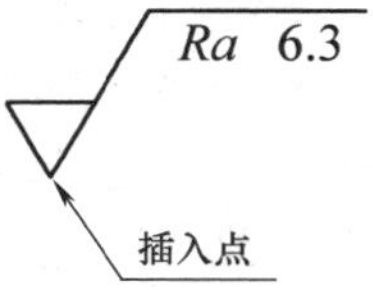

图 3-54　块插入点

4）块存盘（Wblock），在"写块"对话框中设置，如图 3-55 所示。

5）插入块 ：【插入】→【块】，如图 3-56 所示。

2. 几何公差的标注

几何公差包括有形状、方向、位置和跳动公差，其中有的仅标注公差代号，有的除标注公差代号外还要标注基准代号。

（1）几何公差的标注　使用快速引线——qleader 命令，工具栏图标为 。这是一个多功能引线标注命令，可以标注孔参数，也可以标注形位公差。

操作过程：点击图标或在命行输入命令，启动命令后进入"设置"，在"注释"中选择"公差"，在屏幕上指定指引线及箭头，即可进入"形位公差"对话框（相关国家标准中，"形位公差"的名称已被"几何公差"所替代，但 AutoCAD 软件中未修改），黑色框格选择符号，白色框格输入参数，即可标出几何公差，如图 3-57 所示。

图 3-55　"写块"对话框

图 3-56　"插入"对话框

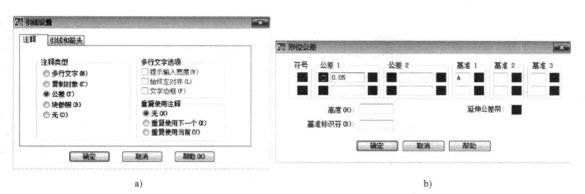

a)　　　　　　　　　　　　　　　b)

图 3-57　几何公差的标注

（2）基准符号的标注　较早版本的 AutoCAD，须使用块及块属性进行编辑，其制作过程如图 3-58 所示。

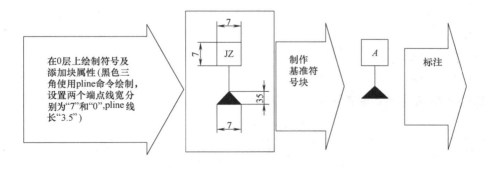

图 3-58　块的制作步骤

3. 文字说明

有两种方法在图形中插入"技术要求"文本，分别介绍如下：

1）在模型空间使用多行文字命令，并按照出图比例，将文本字高缩放为出图时的尺寸：标题字高 7mm，正文字高 5mm。例如，出图比例为 1:2，则标题文本字高倍数就取比例的倒数 2——2×7mm＝14mm，以此类推。当出图比例为1:1时，则按原始尺寸书写文本（参照学习任务四，活动五，设置标注样式参数之内容）。

2）在布局的图纸空间直接以原始尺寸书写文本（参照学习任务四，活动五建立视口之内容）。

实施活动 绘制齿轮图样

一、工具/仪器

计算机。

二、工作流程

1）新建图形文件，设置相关系统参数。

2）用计算机绘制齿轮零件图，如图3-59所示。

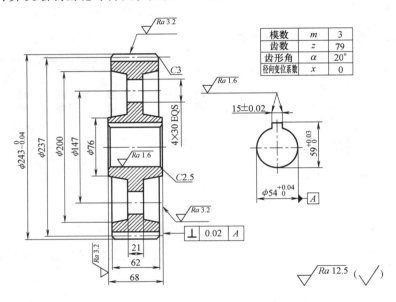

模数	m	3
齿数	z	79
齿形角	α	20°
径向变位系数	x	0

图 3-59　齿轮零件图示例

3）打印齿轮零件图。

三、小范围互检

在组内两两成员间交换结果互检，完成表3-30。

表 3-30　小范围互检表

检查项目	检查结果	改进结果	检查人签名
系统参数	图层、线型、线宽＿＿＿＿＿＿＿＿＿＿＿＿＿＿＿＿＿＿＿ 与国标有关的样式，文字样式＿＿＿＿＿＿＿＿＿＿＿＿＿＿＿ 图幅、图框、标题栏＿＿＿＿＿＿＿＿＿＿＿＿＿＿＿＿＿		
图形	图形尺寸＿＿＿＿＿＿＿＿＿＿＿＿＿＿＿＿＿＿＿＿＿ 视图间投影对应关系＿＿＿＿＿＿＿＿＿＿＿＿＿＿＿		

活动评价 （表3-31）

表3-31　活动评价表

完成日期		工时	120min	总耗时	
任务环节	评分标准	所占分数	考核情况	扣分	得分
计算机给齿轮工程图,归档	1. 为完成本次活动是否做好课前准备(充分5分,一般3分,没有准备0分) 2. 本次活动完成情况(好10分,一般6分,不好3分) 3. 完成任务是否积极主动,并有收获(是5分,积极但没收获3分,不积极但有收获1分)	20	自我评价: 学生签名		
	1. 准时参加各项任务(5分)(迟到者扣2分) 2. 积极参与本次任务的讨论(10分) 3. 为本次任务的完成,提出了自己独到的见解(5分) 4. 团结、协作性强(5分) 5. 超时扣5~10分	30	小组评价: 组长签名		
	1. 工作页填错一处扣2分 2. 工作页漏填一处扣2分 3. 图幅、图框、标题栏、文字、图线每错一处扣2分 4. 整体视图表达、断面绘制准确,一个视图表达有误扣10分 5. 图线尺寸、图线所在图层每错一处扣2分 6. 中心线应超出轮廓线3~5mm,超出或不足每处扣1分 7. 绘图前检查硬件完好状态,使用完毕,整理回准备状态,没检查,没整理每一项,扣5~10分 8. 工作全程保持场地清洁,如有脏乱,扣5~10分	50	教师评价: 教师签名		
	总分				

活动六　总结、评价与反思

能力目标

1) 能对学习任务的完成过程及学业成果进行总结、汇报。

2) 能对学习任务的完成过程及完成效果进行客观公正的综合评价。

活动地点

零件测绘与分析学习工作站。

学习过程

一、工作总结

1) 以小组为单位,撰写工作总结,并选用适当的表现方式向全班展示、汇报学习成果。

2) 评价,完成表3-32。

表 3-32　工作总结评分表

评价指标	评　价　标　准	分值（分）	评价方式及得分		
			个人评价（10%）	小组评价（20%）	教师评价（70%）
参与度	小组成员能积极参与总结活动	5			
团队合作	小组成员分工明确、合理，遇到问题不推委责任，协作性好	15			
规范性	总结格式符合规范	10			
总结内容	内容真实，针对存在问题有反思和改进措施	15			
总结质量	对完成学习任务的情况有一定的分析和概括能力	15			
	结构严谨、层次分明、条理清晰、语言顺畅、表达准确	15			
	总结表达形式多样	5			
汇报表现	能简明扼要地阐述总结的主要内容，能准确流利地表达	20			
学生姓名		小计			
评价教师		总分			

二、学习任务综合评价（表3-33）

表 3-33　学习任务综合评价

评价内容	评　价　标　准	评价等级			
		A	B	C	D
学习活动1	A. 学习活动评价成绩为90～100分 B. 学习活动评价成绩为75～89分 C. 学习活动评价成绩为60～74分 D. 学习活动评价成绩为0～59分				
学习活动2	A. 学习活动评价成绩为90～100分 B. 学习活动评价成绩为75～89分 C. 学习活动评价成绩为60～74分 D. 学习活动评价成绩为0～59分				
学习活动3	A. 学习活动评价成绩为90～100分 B. 学习活动评价成绩为75～89分 C. 学习活动评价成绩为60～74分 D. 学习活动评价成绩为0～59分				
学习活动4	A. 学习活动评价成绩为90～100分 B. 学习活动评价成绩为75～89分 C. 学习活动评价成绩为60～74分 D. 学习活动评价成绩为0～59分				
学习活动5	A. 学习活动评价成绩为90～100分 B. 学习活动评价成绩为75～89分 C. 学习活动评价成绩为60～74分 D. 学习活动评价成绩为0～59分				
工作总结	A. 工作总结评价成绩为90～100分 B. 工作总结评价成绩为75～89分 C. 工作总结评价成绩为60～74分 D. 工作总结评价成绩为0～59分				
小计					
学生姓名		综合评价等级			
评价教师		评价日期			

学习任务四

测绘与分析减速器箱体

任务情境

　　企业接到客户要求，对减速器中的箱体进行批量生产，需现场取箱体、测绘、分析，形成加工图样。技术主管将该任务交给技术员，要求在一天内完成。

　　该技术员接受任务后，查找资料，了解箱体的结构及工艺要求，并与工程师沟通，确定工作方案，制订工作计划，交技术主管审核通过后，按计划实施；领取相关工具，取箱体，绘制草图；选择合适的工、量具对箱体进行测量并标注尺寸；分析选择材料，制定必要的技术要求；用计算机绘制图样、文件保存归档、图样打印。测绘、分析过程中应适时检查确保图形的正确性，绘制完毕，主管审核正确后签字确认，图样交相关部门归档，填写工作记录。整个工作过程应遵循 6S 管理规范。

学习内容

1. 《机械设计手册》的使用方法。
2. 箱体零件的结构及功用。
3. 零件的表达方法（局部视图、简化画法）。
4. 箱体的测量方法。
5. 箱体尺寸的标注。
6. 铸铁的种类、性能和应用。
7. 箱体技术要求。
8. 毛坯的制造工艺。
9. 绘图软件的使用方法。
10. 6S 管理知识。
11. 工作任务记录的填写方法。
12. 归纳总结方法。

活动一　接受任务并制订方案

能力目标

1）根据任务单专业术语识读任务单。
2）查阅机械手册资料，结合教师讲解，填写工作页。
3）上网查找资料。
4）编写任务方案。

活动地点

零件测绘与分析学习工作站。

学习过程

你要掌握以下资讯，才能顺利完成任务

一、接受任务单（表4-1）

表4-1　测绘任务单

单号：_____　开单部门：_____　开单人：_____
开单时间：____年____月____日____时____分
接单部门：_____部_____组

任务概述	客户要求批量生产减速器中的箱体,因技术资料遗失,现提供减速器实物一台,需测绘形成零件图
任务完成时间	
接单人	（签名） 　　　　　　　　　　　　　　　　　　年　　　月　　　日

请查找资料，将不懂的术语记录下来。

_____

_____

_____

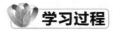

小提示

信息采集源：1）《机械制图》

　　　　　　2）《机械设计手册》

　　　　　　其他：_____

二、箱体类零件的功能和结构特点

1. 功能

箱体类零件（图4-1）一般是机器或部件的主体部分，起支承、容纳、零件定位、密封和保护等作用。

2. 结构特点（图4-2）

1）主体形状为_____（A. 壳体　B. 实心体　C. 轴）。

图 4-1 箱体零件

2）内外形状较_____（A. 复杂 B. 简单），尤其是内腔，表面过渡线较多。

3）箱体上常有支承孔、凸台、放油孔、安装底板、销孔、_____、_____、（A. 螺纹孔 B. 轴 C. 肋板）等。

4）需要加工的表面较多，且加工难度较大。

 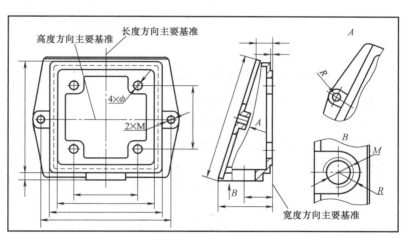

图 4-2 箱体类零件结构

实施活动 各小组试写出测绘流程

评价	各组选出优秀成员在全班讲解制定的测绘流程 小组互评、教师点评	小组名次

 活动二　手工绘制减速器箱体

 能力目标

1）确定零件的表达方案。
2）绘制箱体零件图。

活动地点

零件测绘与分析学习工作站。

学习过程

你要掌握以下资讯与决策，才能顺利完成任务

一、机件结构的规定画法和简化画法

1. 肋板、轮辐等结构的画法

1）机件上的肋板、轮辐及薄壁等结构，按纵向剖切时，这些结构都不要画剖面线，而用粗实线将其与相邻部分分开。当这些结构不按纵向剖切时，应画上剖面线，如图4-3所示。

2）回转体上均匀分布的肋板、轮辐、孔等结构不处于剖切平面上时，可将这些结构假想地旋转到剖切平面上画出，如图4-4所示。

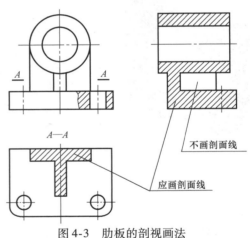

图4-3　肋板的剖视画法

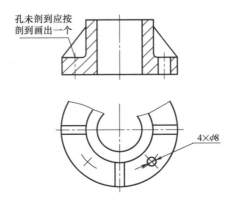

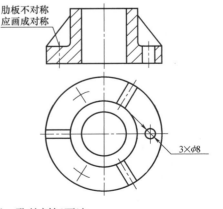

图4-4　均匀分布的肋板、孔的剖切画法

2. 简化画法

（1）相同结构的简化画法　当机件上具有若干相同结构（齿、槽、孔等），并按一定规律分布时，只需画出几个完整结构，其余用细实线相连或标明中心位置，并注明总数，如图4-5所示。

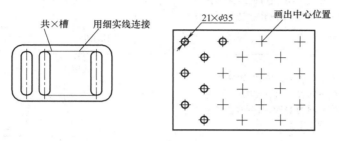

图4-5　相同结构的简化画法

（2）对称机件的简化画法　在不致引起误解时，对于对称机件的视图可以只画一半或四分之一，并在对称中心线的两端画出两条与其垂直的平行细实线，如图4-6所示。

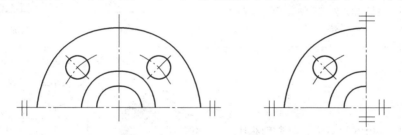

图4-6　对称机件的简化画法

3. 机件断裂处的画法

机件断裂处边缘常用波浪线画出，圆筒断裂边缘常用花瓣形画出，如图4-7所示。

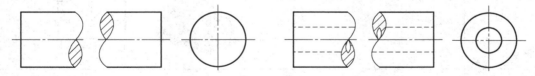

图4-7　圆柱与圆筒的断裂处画法

二、箱体类零件的常见工艺结构

箱体类零件多为铸造件，具有许多铸造工艺结构，如铸造圆角、拔模斜度、加强肋等，其表达方法见表4-2。

表4-2　铸造件的工艺结构及其表达方法

结构名称	作用及特点	图　例
铸造圆角	铸件表面相交处应有圆角，以免铸件冷却时产生缩孔或裂纹，同时防止脱模时砂型落砂，其半径一般取 $R(3 \sim 5)\,\mathrm{mm}$	

（续）

结构名称	作用及特点	图　例
铸件壁厚	为避免铸件因冷却速度不同而产生缩孔或裂纹，设计时应使铸件壁厚保持均匀，厚薄转折处应逐渐过渡	 壁厚不均匀　　壁厚均匀　　壁厚逐渐变化
拔模斜度	为了造型时起模方便，铸件表面沿拔模方向设计出一定的斜度，拔模斜度一般为1:20，必要时在技术要求中用文字说明	
铸件上的凸台和凹坑结构	装配时，为了使螺栓、螺母等紧固件或其他零件与相邻铸件表面接触良好，并减少加工面积，或为了避免钻孔偏斜和钻头折断，常制出凸台或凹坑	 凸台　　　　凹坑
两圆柱相贯	由于设计、工艺上的要求，机件的表面相交处，常用铸造圆角或锻造圆角进行过渡，而使物体表面的变化得不明显，这种不明显的交线称为过渡线。过渡线用细实线画	
肋板与平面相交、平面与曲面相交	肋板与平面相交、平面与曲面相交时，过渡线在转角处断开，并加画过渡圆弧，其弯向与铸造圆角的弯向一致	

（续）

结构名称	作用及特点	图　　例
圆柱与肋板相交或相切	圆柱与肋板相交或相切时的过渡线，其形状取决于肋板的断面形状及相交或相切的关系	相交　　　　　　　相切

三、零件表达方案的选择

1. 主视图的选择

（1）主视图的投影方向　主视图的投影方向应遵循形体特征原则（能清楚地表达主要形体的形状特征）。

（2）主视图的摆放位置

1）工作位置原则（尽可能与零件在机器或部件中的工作位置一致）。

2）加工位置原则，主要用于＿＿＿＿＿＿＿＿（A. 轴　B. 盘　C. 箱体）类零件。

3）自然摆放稳定原则，如果零件为＿＿＿＿＿＿＿＿（A. 运动件　B. 固定件），工作位置＿＿＿＿＿＿＿＿（A. 不固定　B. 固定），或零件的加工工序较多，加工位置多变，应按自然摆放平稳的位置为画主视图的位置。

如图 4-8a 所示的滑动轴承座的摆放位置既是＿＿＿＿＿＿＿＿＿＿位置，也是＿＿＿＿＿＿＿＿位置。

从 A 向投射得到如图 4-8b 所示的主视图，从 B 向投射得到如图 4-8c 所示的主视图。

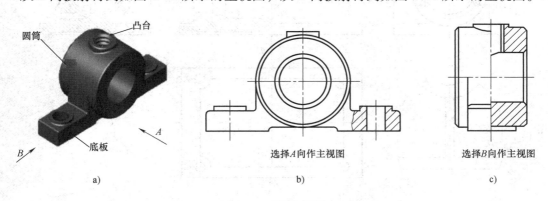

圆筒　凸台

底板

B　　A

a)　　　　　　　选择A向作主视图　　　　　b)　　　　　　选择B向作主视图　　c)

图 4-8　选择主视图

比较可知，选择＿＿＿＿＿＿＿＿＿＿＿＿＿向作为主视图投射方向较好。

2. 其他视图的选择

一个零件，主视图确定后，在完整、清晰地表达零件的内、外结构形状的前提下，应尽可能使零件的视图数目为最_____（A. 少　B. 多）。应使每一个视图都有其表达的重点内容，具有独立存在的意义。

四、举例——蜗轮减速箱箱体表达分析

为了反映蜗轮减速器箱体的主要特征，按照零件主视图的选择原则，主视图按工作位置安放，将底板放平，并以反映其各组成部分形状特征及相对位置最明显的方向作为主视图的投影方向，如图4-9所示。完成其视图如图4-10所示。

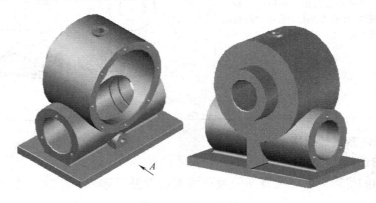

图4-9　选择主视图

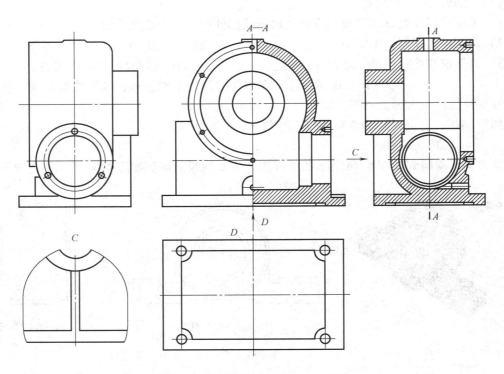

图4-10　蜗轮减速器箱体的表达方法

 绘制箱体草图

分组教学，以6人一小组为单位进行练习。

一、工量具、设备

1）单级或二级减速器箱体一个（图 4-11）。

2）绘图工具。

图 4-11　减速器箱体

二、工作流程

1. 分析零件

零件图通过一组图形将零件内、外部的形状和结构正确、完整、清晰、合理地表达出来。

表达减速器箱盖共需要_____个图形来表达，其中_____个_____图，_____个_____图，_____个_____图，还有_____图，是为了表达_____。

2. 选择主视图

选择 A 向为主视方向（请在图 4-11 上标注），因为_____。

3. 选比例，定图幅

本实物采用比例_____；图幅为_____。

4. 绘制图样

图纸横放，不留装订边，绘制标题栏。

5. 画图

1）布置视图，画出_____线，如图 4-12a 所示。

2）绘画主视图，采用_____图，是为了_____。

3）绘制俯视图。

4）绘制左视图，采用_____图，是为了_____。

5）还需要_____图，是为了_____。

完成零件图如图 4-12b 所示。

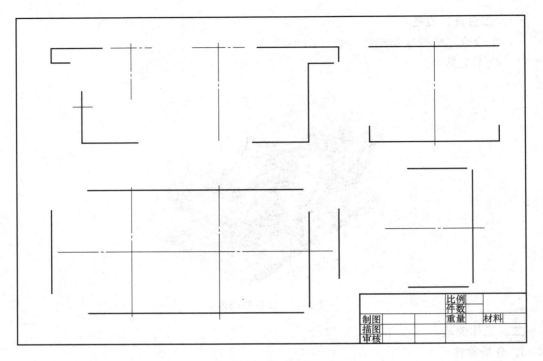

a)

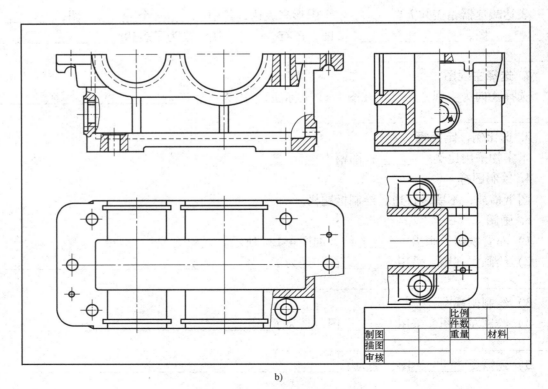

b)

图 4-12 减速器箱体零件图

活动评价（表4-3）

表4-3　活动评价表

完成日期		工时	120min	总耗时	
任务环节	评 分 标 准		所占分数	考核情况	扣分	得分

任务环节	评 分 标 准	所占分数	考核情况	扣分	得分
绘制减速器箱体	1. 为完成本次活动是否做好课前准备（充分5分，一般3分，没有准备0分） 2. 本次活动完成情况（好10分，一般6分，不好3分） 3. 完成任务是否积极主动，并有收获（是5分，积极但没收获3分，不积极但有收获1分）	20	自我评价： 学生签名		
	1. 准时参加各项任务（5分）（迟到者扣2分） 2. 积极参与本次任务的讨论（10分） 3. 为本次任务的完成，提出了自己独到的见解（5分） 4. 团结、协作性强（5分） 5. 超时扣5～10分	30	小组评价： 学生签名		
	1. 零件图表达方案是否合理，缺一视图扣5分 2. 视图关系错误一处扣2分 3. 工作页填错一处扣2分 4. 线型使用错误一处扣2分 5. 字体书写不认真，一处扣2分 6. 图面不干净、整洁扣2～5分 7. 超时扣3分 8. 违反安全操作规程扣5～10分 9. 工作台及场地脏乱扣5～10分	50	教师评价： 学生签名		
总分					

小提示

只有通过以上评价，才能继续学习哦！

活动三　测量并标注箱体

能力目标

1）测量箱体各部位尺寸并标注。

2）叙述与箱体相关的几何公差的符号、公差带含义及标注方法。

活动地点

零件测绘与分析学习工作站。

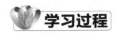

学习过程

你要掌握以下资讯与决策，
才能顺利完成任务

一、箱体类零件的尺寸标注

1）标注基准。长度方向、宽度方向、高度方向的主要基准是采用孔的轴线、对称平面、_____（A. 较大　B. 较小）的加工平面或结合面。

2）定位尺寸多，各孔中心线间距离一定直接标出来。零件上常见孔的尺寸注法见表4-4。

表4-4　零件上常见孔的尺寸注法

结构类型		普通注法	旁　注　法		说　明
光孔	一般孔	4×ϕ5　10	4×ϕ5▼10	4×ϕ5▼10	"4×ϕ5"表示四个孔的直径均为5mm
	精加工孔	4×ϕ5$^{+0.012}_{0}$　10　12	4×ϕ5$^{+0.012}_{0}$▼10	4×ϕ5$^{+0.012}_{0}$▼10	钻孔深为12mm，钻孔后需精加工至ϕ5$^{+0.012}_{0}$mm，精加工深度为10mm
	锥销孔	锥销孔ϕ5　锥销孔ϕ5	锥销孔ϕ5	锥销孔ϕ5	ϕ5mm为与锥销孔相配的圆锥销小头直径（公称直径）
沉孔	锥形沉孔	90°　ϕ13　6×ϕ7	6×ϕ7 ▽ϕ13×90°	6×ϕ7 ▽ϕ13×90°	"6×ϕ7"表示6个孔的直径均为7mm。锥形部分大端直径为ϕ13，锥角为90°

（续）

结构类型		普通注法	旁　注　法		说　　明
沉孔	柱形沉孔	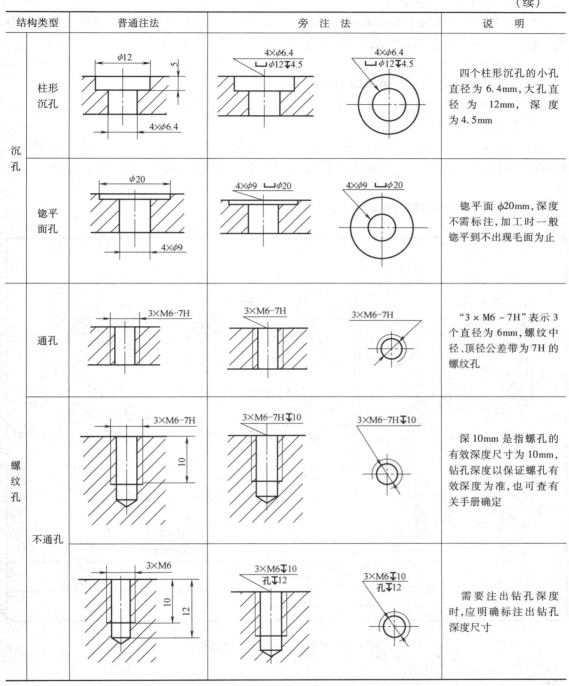			四个柱形沉孔的小孔直径为 6.4mm，大孔直径为 12mm，深度为 4.5mm
	锪平面孔				锪平面 φ20mm，深度不需标注，加工时一般锪平到不出现毛面为止
螺纹孔	通孔				"3×M6-7H"表示 3 个直径为 6mm，螺纹中径、顶径公差带为 7H 的螺纹孔
	不通孔				深 10mm 是指螺孔的有效深度尺寸为 10mm，钻孔深度以保证螺孔有效深度为准，也可查有关手册确定
					需要注出钻孔深度时，应明确标注出钻孔深度尺寸

3）尺寸仍用形体分析法标注。

4）对标准结构和要素（如螺纹、键槽、齿轮、倒角），应把测量结果与标准值核对。

二、箱体零件的技术要求

1. 极限配合及表面粗糙度

1）箱体类零件中，轴承孔、结合面、销孔等表面粗糙度要求较_____（A. 高

B. 低）；其余加工面要求较＿＿＿＿＿（A. 高　B. 低）。

2）重要的箱体孔和重要的表面，应该有尺寸公差和几何公差的要求。如轴承孔的中心距、孔径，以及一些有配合要求的表面、定位端面一般有尺寸精度要求。

2. 几何公差

1）同轴的轴、孔之间一般有同轴度要求。

2）不同轴的轴、孔之间，轴、孔与底面一般有平行度要求。

3. 其他技术要求

箱体类零件的非加工表面在标题栏附近标注了表面粗糙度要求，零件图的文字技术要求中常注明其他加工要求，如"箱体需要人工时效处理；铸造圆角为 R3～R5；非加工面涂装"等。

三、箱体零件的标注举例（图 4-13）

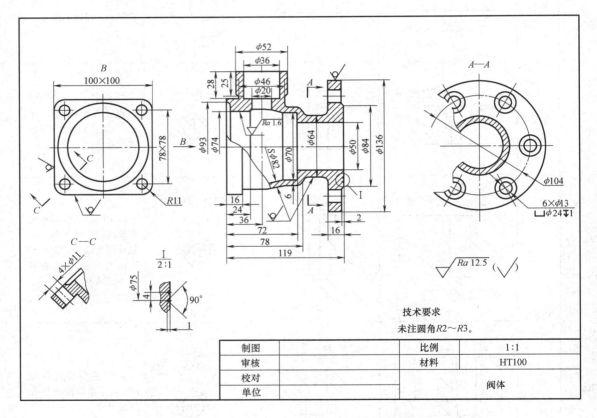

图 4-13　箱体零件的尺寸标注举例

![实施活动] 测量、标注箱体尺寸

分组教学，以 6 人一小组为单位进行练习。

一、工量具、设备

1）单级或二级减速器箱体一个。

2）绘图工具。

二、工作流程

1. 分析零件，选择尺寸基准

1）长度方向的主要尺寸基准为＿＿＿＿＿＿＿＿＿（A. 轴线　B. 左端面）所在平面。

2）宽度方向尺寸基准为＿＿＿＿＿＿＿＿（A. 前后对称面　B. 前端面）。

3）高度方向的尺寸基准为箱体的＿＿＿＿＿＿＿（A. 底面　B. 上表面）。

2. 根据尺寸基准，按照形体分析法标注定形、定位尺寸及总体尺寸

（1）标注时的注意事项　请选择合理的标注，合理的画"√"，不合理画"×"。

1）应避免注成封闭尺寸链，如图 4-14 所示。

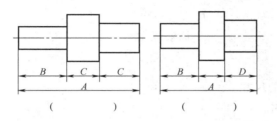

图 4-14　封闭尺寸链

2）重要尺寸必须从设计基准直接注出，如图 4-15 所示。

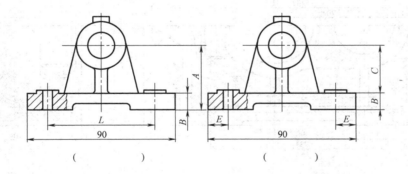

图 4-15　重要尺寸标注

3）考虑测量的方便与可能，如图 4-16 所示。

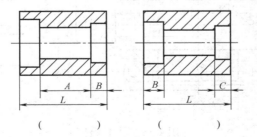

图 4-16　测量的方便与可能

4）同工序尺寸宜集中标注，如图 4-17 所示。

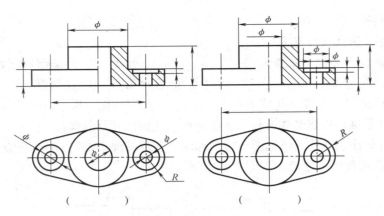

图 4-17 同工序尺寸

（2）标注步骤

1）标注空心圆柱的尺寸。

2）标注底板的尺寸。

3）标注长方形腔体和肋板的尺寸。

4）检查有无遗漏和重复的尺寸。

减速箱体的尺寸标注如图 4-18 所示。

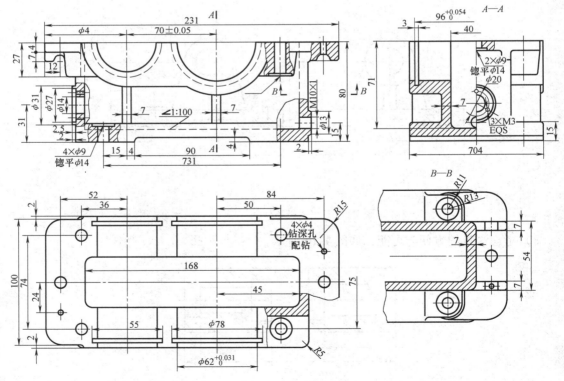

图 4-18 尺寸标注

（3）确定并标注尺寸公差、表面粗糙度和其他技术要求

1）孔（轴承孔）：尺寸精度为 IT6～7 级，形状精度应不超过其孔径尺寸公差的一半，

表面粗糙度要求为 $Ra(1.6 \sim 0.4)\mu m$。

2）孔与孔：同轴线的轴承孔的同轴度公差要求为 $0.01 \sim 0.03mm$，各轴承孔之间的平行度公差要求为 $0.03 \sim 0.06mm$，中心距公差为 $0.02 \sim 0.08mm$。

3）箱体装配基面，定位基面的精度要求：平面度公差要求为 $0.02 \sim 0.1mm$，表面粗糙度要求 $Ra(3.2 \sim 0.8)\mu m$，主要平面间的平行度或垂直度公差要求为 $300:(0.02 \sim 0.1)$。轴承孔与装配基面间的平行度公差要求为 $0.03 \sim 0.1mm$。

完成的零件图如图4-19所示。

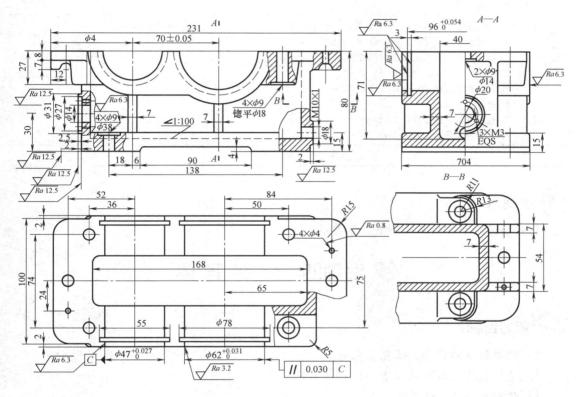

图4-19 零件图

（4）填写标题栏 填写过程略。

活动评价 （表4-5）

表4-5 活动评价表

完成日期		工时	120min	总耗时		
任务环节	评 分 标 准		所占分数	考核情况	扣分	得分
测量并标注减速器箱体	1. 为完成本次活动是否做好课前准备（充分5分，一般3分，没有准备0分） 2. 本次活动完成情况（好10分，一般6分，不好3分） 3. 完成任务是否积极主动，并有收获（是5分，积极但没收获3分，不积极但有收获1分）		30	自我评价： 学生签名		

(续)

完成日期			工时	120min	总耗时		
任务环节	评 分 标 准			所占分数	考 核情 况	扣分	得分
测量并标注减速器箱体	1. 准时参加各项任务(5分)(迟到者扣2分) 2. 积极参与本次任务的讨论(10分) 3. 为本次任务的完成,提出了自己独到的见解(3分) 4. 团结、协作性强(2分) 5. 超时扣2分			40	小组评价: 组长签名		
	1. 确定减速器箱体的精度等级,选错一次扣2分 2. 确定箱体的尺寸与几何公差,错一处扣2分 3. 确定箱体各表面的表面粗糙度值,错一处扣2分 4. 箱体的标注,错一处扣2分 5. 工作页少写或错一处扣2分 6. 超时扣3分 7. 违反安全操作规程扣2~5分 8. 工作台及场地脏乱扣2~5分			30	教师评价: 教师签名		
总分							

 小提示

只有通过以上评价,才能继续学习哦!

活 动 四　分 析 箱 体

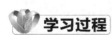 **能力目标**

1) 叙述铸铁的种类、性能、应用。

2) 选择箱体技术要求（表面结构要求）。

3) 编制毛坯的制造工艺。

学习地点

零件测绘与分析学习工作站。

学习过程

你要掌握以下资讯与决策,才能顺利完成任务

一、箱体零件的材料及毛坯

1. 箱体材料

箱体零件有复杂的内腔,应选用易于成型的材料和制造方法。箱体零件常用材料是

_____（A. 铸铁　B. 钢　C. 低合金钢），是因为其容易成型、切削性能好、价格低廉，并且具有良好的_____（A. 耐磨性　B. 强度　C. 硬度）和减振性。

某些简易机床的箱体零件或小批量、单件生产的箱体，为缩短毛坯制造周期和降低成本，采用钢板焊接结构。某些大负荷的箱体也可采用铸钢毛坯。在特定条件下，为减轻质量，可采用铝镁合金或其他铝合金。

2. 毛坯

1）木模手工造型，精度低，加工余量大，适合于_____（A. 单件小批量　B. 大批量）生产。

2）金属模机器造型，精度较高，加工余量减低，适用于_____（A. 大批量　B. 单件小批量）生产。

二、箱体零件毛坯的制造

如图 4-20 所示，箱体零件毛坯的常用的制造方法是_____。

A.焊接　　　　　　　　　　B.锻造　　　　　　　　　　C.铸造

图 4-20　毛坯的制造方法

三、铸造

1. 铸造的概念

如图 4-21 所示，熔炼金属，制造铸型，将熔融金属浇入铸型，凝固后获得一定形状和性能铸件的成型方法称为铸造。

2. 铸造的分类

根据生产方法的不同，铸造（图 4-22）可分为两大类：

1）砂型铸造：指用型砂紧实成型的铸造方法。造型方法包括手工造型和机器造型两类。

2）特种铸造：包括熔模铸造、金属型铸造（硬模铸造）、压力铸造和离心铸造等方法。

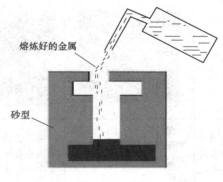

熔炼好的金属

砂型

图 4-21　铸造

3. 铸造的优点

1）可生产出形状复杂，特别是具有复杂内腔的零件毛坯，如各种箱体、床身、机架等。

2）铸造生产的适应性广，工艺灵活性大。

3）铸造用原材料来源广泛、价格低廉，并可直接利用废机件，故铸件成本较低。

4. 铸造的缺点

1）铸件的力学性能，特别是冲击韧度低于同种材料的锻件。

2）铸件质量不够稳定。

| 砂型铸造 | 熔模铸造 | 压力铸造 |

图 4-22 铸造类型

3）劳动强度大，环境污染较严重。

5. 铸件常见的缺陷（表 4-6）

表 4-6 铸件常见缺陷

名称	砂眼	气孔	缩孔	披缝
实物图				
出现部位及防止办法	在铸件表面或内部有型砂的孔眼	降低金属液中的含气量，增大砂型的透气性，以及在型腔的最高处增设出气冒口	形状不规则的封闭或敞露的孔洞，孔壁粗糙，常出现在铸件最后凝固的部位	铸件表面上厚薄不均匀的片状金属突起物，出现在铸件分型面和心头部位
名称	粘砂	冲砂	掉砂	毛刺
实物图				
出现部位及防止办法	在铸件表面上，全部或部分覆盖着金属与型砂的混合物，使铸件表面粗糙	铸件表面上有粗糙、不规则的金属瘤状物，常位于浇口附近	铸件表面的块状金属突起物，其外形与掉落的砂块很相似	铸件表面上的刺状金属突起物，出现在型和心的裂缝处，形状不规则
名称	浇不足	缺损	变形	冷隔
实物图				

（续）

名称	浇不足	缺损	变形	冷隔
出现部位及防止办法	由于金属液未完全充满型腔而产生 可提高浇注温度与浇注速度	铸件的清理或搬运过程损坏了铸件的完整性	由于收缩应力或型壁变形、开裂引起的铸件外形和尺寸与图样不符	铸件上未完全融合的缝隙或洼坑,其交接边缘呈圆角,出现在远离浇口的铸件宽大表面和薄壁处

6. 砂型铸造的工艺过程

铸造用型砂如图 4-23 所示,砂型铸造的工艺过程如图 4-24 所示。

图 4-23　型砂

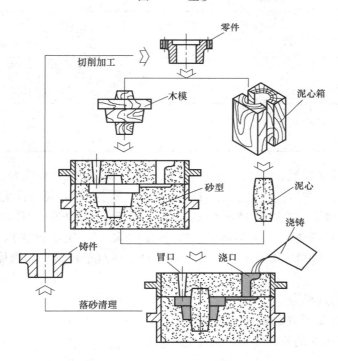

图 4-24　砂型铸造工艺过程示意图

实施活动 分析箱体

分组教学,以 6 人一小组为单位进行练习。

一、工量具、设备

1）圆柱齿轮减速器。

2）零件拆装工具。

3）砂型铸造所需设备。

4）减速器箱体砂型铸造模具。

5）一体化教室。

二、工作流程

1. 认识箱体零件的结构及功用

1）箱体零件的功用是_____。

2）箱体零件的结构特点是_____

_____。

2. 选择箱体材料

完成表 4-7 所列材料的对比。

表 4-7　铸铁材料间的比较

铸铁的种类	性能	应用
灰铸铁		
可锻铸铁		
球墨铸铁		
蠕墨铸铁		

箱体材料要求容易成型、_____（A. 耐磨　B. 硬度）性能好、价格要求，并具有良好的_____性、_____性和_____（A. 铸造性能　B. 可切削性　C. 吸振性　　D. 强度）。所以箱体零件的材料大都选用 HT200～HT400 的各种牌号的_____（A. 灰铸铁　B. 可锻铸铁　C. 球墨铸铁　D. 蠕墨铸铁）。最常用的材料是_____（A. HT200　B. HT350　C. HT400），而对于较精密的箱体零件，常选用耐磨铸铁。

减速器箱体材料选择为_____。

3. 确定减速器箱体毛坯的制造工艺流程

1）根据减速器箱体的使用要求，选择毛坯材料_____。

A. 钢板　　　　　　　　　　B. 铸铁　　　　　　　　　　C. 铝镁合金

2）根据减速器箱体的使用要求和毛坯的材料，毛坯数量为 1000 件，选择毛坯制造方法为_____。

A. 铸造　　　　　　　　　　B. 焊接　　　　　　　　　　C. 锻造

3）根据毛坯制造方法确定需要加工设备为_____。

4）根据加工数量、加工方法确定毛坯加工劳动组织形式为_____。

A. 自动线生产　　　　　　　B. 流水线生产　　　　　　　C. 机群式生产

5）制造减速器箱体毛坯的工艺流程为_____。

毛坯的制造工艺包括以下几个步骤：

A. 分析减速器箱体箱体零件图

B. 制造模样和芯盒

C. 熔化

D. 查验入库

E. 翻砂造型

F. 浇注

G. 落砂

H. 去浇冒口清理

请写出减速器毛坯制造正确工艺流程：

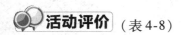 **活动评价**（表4-8）

表4-8　活动评价表

完 成 日 期		工时	60min	总 耗 时	
任务环节	评 分 标 准		所占分数	考 核情 况	扣分	得分
分析减速器箱体	1. 为完成本次活动是否做好课前准备（充分5分，一般3分，没有准备0分） 2. 本次活动完成情况（好10分，一般6分，不好3分） 3. 完成任务是否积极主动，并有收获（是5分，积极但没收获3分，不积极但有收获1分）		30	自我评价： 学生签名		
	1. 准时参加各项任务（5分）（迟到者扣2分） 2. 积极参与本次任务的讨论（10分） 3. 为本次任务的完成，提出了自己独到的见解（3分） 4. 团结、协作性强（2分） 5. 超时扣2分		40	小组评价： 组长签名		
	1. 箱体零件的结构、功用，错一处扣2分 2. 箱体常用材料铸铁的性能及应用，错一处扣2分 3. 制造减速器箱体毛坯的工艺流程图，错一处扣3分 4. 超时扣3分 5. 违反安全操作规程扣2~5分 6. 工作台及场地脏乱扣2~5分		30	教师评价： 教师签名		
总　　分						

**小提示**

只有通过以上评价，才能继续学习哦！

活动五　计算机绘制箱体工程图

能力目标

1) 独立完成计算机绘制箱体零件图并进行尺寸标注。
2) 能运用块及块属性的方法标注箱体技术要求（表面结构要求）。
3) 采用合适的图幅及比例完成零件图打印、归档工作。

活动地点

零件测绘与分析学习工作站。

学习过程

你要掌握以下资讯与决策，才能顺利完成任务

一、设置参数

按国家标准设置相关参数

1. 文字样式

在文字样式"standard"中，将字体改为"gbeitc"，大字体改为"gbcbig"，正确的文本显示如图 4-25 所示。

abcd　　*25.33*　　广州市工贸技师学院

图 4-25　文字样式

操作方法：菜单【格式】→【文字样式】（图 4-26）。

注意

字高应设为"0"，表示可在文字输入时修改；宽度因子为"1"，两种字体自带"0.75"的宽度因子。

2. 标注样式

图 4-27 所示是国家标准对计算机绘图的标注要求。

根据要求，修改"ISO-25"标注样式参数。操作过程：菜单【格式】→【标注样式】，具体设置见表 4-9。

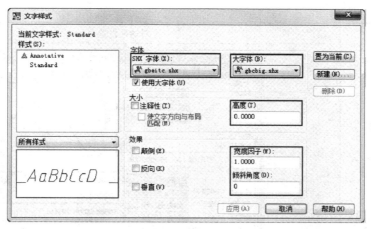

图4-26　"文字样式"对话框

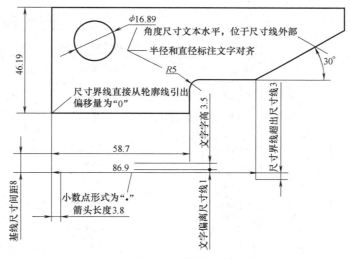

图4-27　尺寸标注要求

表4-9　标注样式参数设置

说　　明	对话框设置
修改标注样式名称	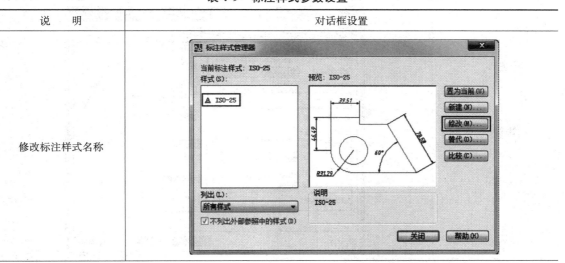

（续）

说　明	对话框设置
设置直线参数	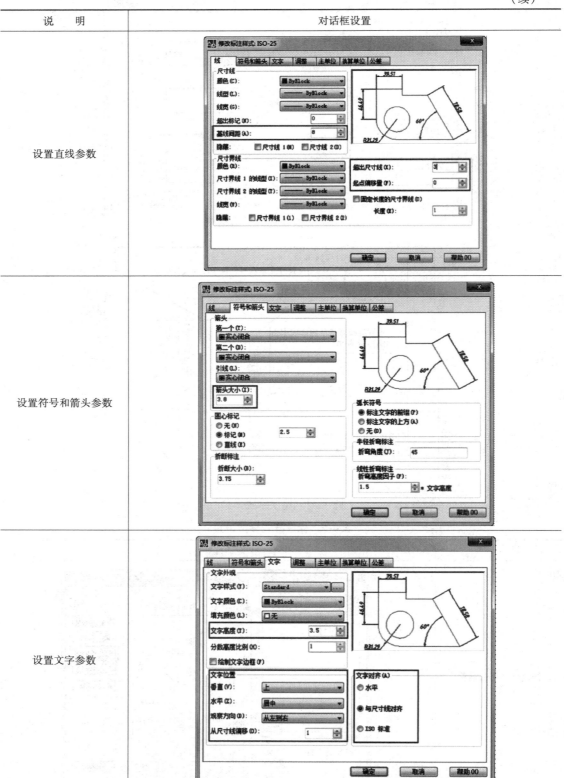
设置符号和箭头参数	
设置文字参数	

（续）

说　明	对话框设置
设置调整参数	
设置主单位	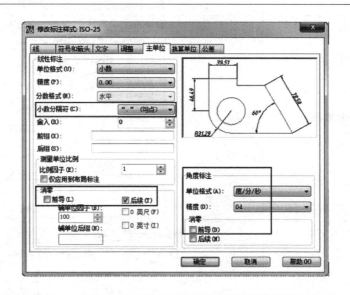

完成 ISO-25 标注样式。

全局比例因子（AutoCAD 2008 及以后的版本为"注释性"）是一个与绘图比例有关的参数。由于在模型空间图形以 1:1 绘制，出图的时候如果是非 1:1 的比例，则须在标注尺寸之前设置全局比例因子，数值为出图比例的倒数。例如，出图比例为 1:5，全局比例因子就改为 5。图样输出时，图形按比例缩小了，而文字则按比例放大了，符合国家标准要求。"注释性"参数的设置方法类似，标注时必须激活"注释可见性"及"注释自动更新"两项。

继续设置四个子样式：线性、角度、直径和半径。首先设置线性子样式，见表 4-10。

表 4-10　线性、角度、直径、半径参数设置

说　　明	对话框设置
设置线性标注 （不改变任何参数）	
设置半径标注	
设置直径标注	
设置角度标注	

二、尺寸标注

尺寸标注的形式有线性尺寸、直径尺寸、半径尺寸、角度尺寸、连续尺寸、基线尺寸、引线尺寸等。

1. 线性标注 ⊢⊣⊢

线性标注泛指图样上两点间距离的标注，也包括圆柱直径在非圆视图上的标注、螺纹标记在非圆视图上的标注，如图 4-28 所示。

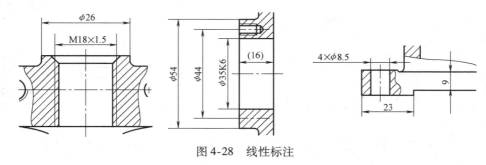

图 4-28　线性标注

2. 连续标注 ⊢⊢⊢

连续标注如图 4-29a 所示，当出现位于同一条直线上的连续尺寸时，采用连续标注可提高工作效率。

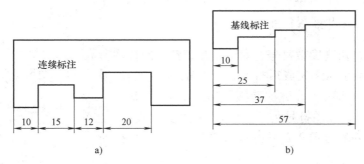

图 4-29　连续标注与基线标注

3. 基线标注 ⊢⊢

基线标注如图 4-29b 所示，当多个尺寸使用同一条基准线时，可采用基线标注，既美观又高效。

4. 直径标注 ◊

直径标注用于标注在圆、圆弧上的直径尺寸、螺纹标记在圆视图上的标注，如图4-30a、b 所示。

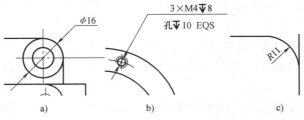

图 4-30　直径标注和半径标注

5. 半径标注

半径标注用于标注在圆弧上的半径尺寸，如图 4-30c 所示。

6. 角度标注 △

角度标注用于两条不平行线段间的角度标注，如图 4-31 所示。

7. 快速引线标注（qleader）

用于标注倒角尺寸、孔标注，如图 4-32 所示。

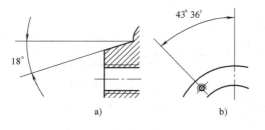

图 4-31　角度标注

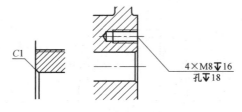

图 4-32　快速引线标注

8. 带极限偏差的标注

标注样式为 "$34.54^{+0.02}_{-0.05}$" 的尺寸，可在标注时编辑尺寸文本为 "$34.54^{+0.02}_{-0.05}$"，输入相关文本后（^为换行符，shift＋6），将公差部分选中，在文本编辑器内单击【$\frac{b}{a}$ 堆叠】即可。

9. 直径符号、角度度数符号、对称公差正负号的标注

方法一，在尺寸标注完成后打开该尺寸的特性对话框，在"主单位"选项卡"标注前缀"或"标注后缀"栏中添加字符代码，直径符号为"％％C"、角度度数符号为"％％D"、对称公差正负号符号为"％％P"，如图 4-33 所示。

图 4-33　标注前、后缀

方法二，在标注尺寸时即修改尺寸文本，在默认文本"＜＞"前面或后面添加前缀或后缀。

实施活动　绘制零件图

一、绘制零件图视图

1. AutoCAD 绘制零件图的步骤

设置绘图参数，并以 1:1 的比例绘制零件各个视图→设置标注相关参数并标注所有尺寸→设置相关技术要求，标注参数并标注技术要求→设置出图参数并绘制标题栏→输出。

2. 设置绘图参数

1）显示单位：小数点后三位（0.000），是屏幕上显示的尺寸精度。

2）图形界限：根据图形 1:1 的比例估计所需要绘图空间尺寸，在两个对角所覆盖范围内绘图。

3）图层：根据计算机绘图国家标准设置，如有需要，也可设置辅助图层，用于编辑图形或输出图形。具体设置要求见表 4-11。

表 4-11　图层设置要求

层名	颜色	线型	线宽	用　　途
01	白(7)	Continuous	0.5mm	粗实线:可见轮廓线等
02	绿(3)	Continuous	0.25mm	细实线:剖面线、断裂线等
04	黄(2)	ISO2W100	0.25mm	细虚线:不可见轮廓线等
05	红(1)	ISO4W100	0.25mm	细点画线:中心线等
07	品红(6)	ISO5W100	0.25mm	细双点画线:假想轮廓线等
08	绿(3)	Continuous	0.25mm	细实线:尺寸标注及技术要求等
视口	自定	Continuous	默认	用于放置视口或辅助线

3. 绘制视图

使用 1:1 的比例进行绘图,先将主要视图的外轮廓线具备投影关系的视图间用辅助线或追踪方式对齐,图框及标题栏不必绘制。

机绘过程可参照手工绘图。不同之处有:

1)所有非等值比例都可以 1:1 的比例进行绘图,在输出时再设置出图比例,可节约大量的计算时间。

2)辅助线可直接通过修改命令转换成图线,不需要"轻画",不必单独设置图层。

二、标注尺寸

完成标注尺寸后的图形如图 4-34 所示,检查无误后再进入下一阶段标注技术要求。

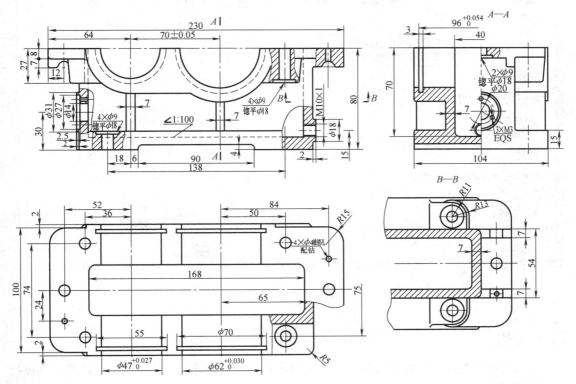

图 4-34　箱体零件图

注意

当剖面线内必须要避让尺寸时，须在标注尺寸完成后再对剖面线（图案填充）重新编辑，或者先标注该处尺寸再进行图案填充。

三、设置出图参数

布局的作用是输出、打印图样。它提供了一个称为"图纸空间"的区域。我们可以将与图形比例无关的标题栏绘制在图纸空间、利用布局视口将绘制好的图形以合适的比例显示于图样上，还可以标注图形和添加注释。所以在模型空间中绘图，不必考虑作图比例，而是根据实物实际尺寸绘制图形，完成后再在布局中，设置出图的相关参数即可。操作步骤如下：

1. 设置

点击"布局1"选项卡，进入菜单【文件】→【页面设置管理器】，如图4-35所示。

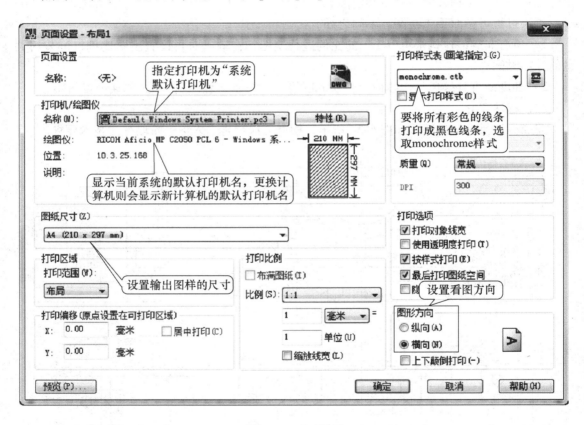

图4-35　页面设置

注意

如果直接在打印机名称中设置为指定的打印机，则更换计算机后会因为系统找不到该打印机而必须重新设置布局。

2. 建立视口并设置比例

这个步骤相当于手工绘图的第一步——确定图纸的图幅和绘图比例。

布局页面的视口相当于显示图形的窗口，好像在布局页面上开了一个窗口，窗外就是在模型空间绘制的图形，而图形的绘图比例是 1:1，我们已经在上一个步骤中限制了图纸的大小（如上图中设置为 A4 图幅），为了在 A4 图幅上的窗口中放得下所有图形，必须设置一定的显示比例，且比例值必须按照国标规定。

操作时，先将"视口"层置为当前层。如果布局中已有视口，可对其进行编辑，也可删除其重新建立，过程为：菜单【视图】→【视口】→【一个视口】，指定视口布满打印区域或是自定视口大小。图 4-36a 所示为布局中的图形空间，图 4-36b 所示为布局视口中的模型空间，坐标标识用于区别两种状态。在布局视口的模型空间设置出图比例，过程为：菜单【视图】→【缩放】→【比例】→输入模型比例 $n$xp（n 为视图比例，如 1:1 比例则输入 1xp，1:2 比例则输入 1/2xp）→使用视图平移命令将图形移动到合适的位置，操作过程中切勿滚动鼠标滚轮，如不慎滚动则必须重新设置视图比例。

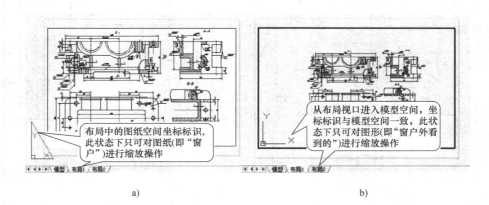

图 4-36　布局

3. 标注

切换至图纸空间，绘制标题栏，书写技术要求，所有文字、线条按照国家标准规定尺寸 1:1 绘制。

四、输出打印图纸

1. 输出图样至打印机

打印图样，确认打印机中已准备好相应的纸张→连接打印机→打印。

2. 输出图样至 PDF 文档

将当前图样以 PDF 文档存档，点击"打印"→在"打印机/绘图仪"中选择"DWG To PDF"→确定→指定 PDF 文档名称及路径→保存。

五、拓展任务

运用软件绘制图 4-37 所示零件图。

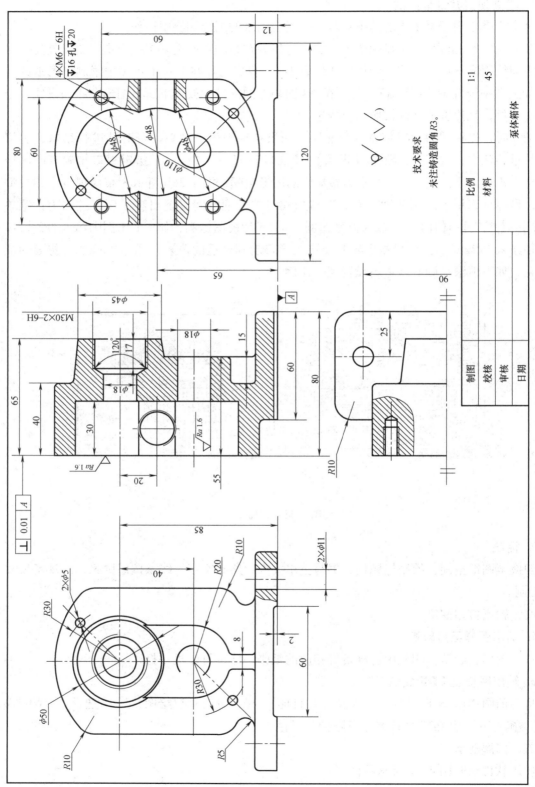

图 4-37 零件图一

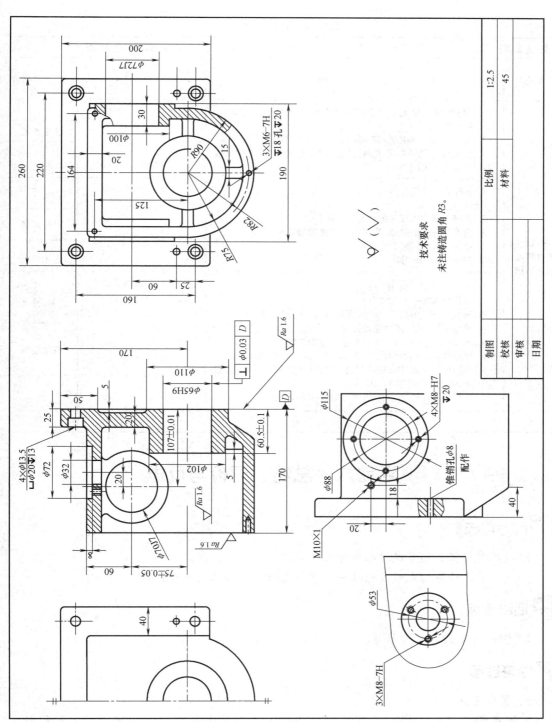

图 4-38　零件图二

活动评价（表4-12）

表4-12 活动评价表

完成日期			工时	60min	总耗时		
任务环节	评 分 标 准		所占分数	考核情况		扣分	得分
计算机绘制箱体零件图并归档	1. 为完成本次活动是否做好课前准备（充分5分,一般3分,没有准备0分） 2. 本次活动完成情况（好10分,一般6分,不好3分） 3. 完成任务是否积极主动,并有收获（是5分,积极但没收获3分,不积极但有收获1分）		20	自我评价：			学生签名
	1. 准时参加各项任务（5分） （迟到者扣2分） 2. 积极参与本次任务的讨论（10分） 3. 为本次任务的完成,提出了自己独到的见解（5分） 4. 团结、协作性强（5分） 5. 超时扣5～10分		30	小组评价：			组长签名
	1. 工作页填错一处扣2分 2. 工作页漏填一处扣2分 3. 图幅、图框、标题栏、文字、图线每错一处扣2分 4. 整体视图表达、断面绘制准确,一个视图表达有误扣10分 5. 图线尺寸、图线所在图层每错一处扣2分 6. 中心线应超出轮廓线3～5mm,超出或不足每处扣1分 7. 绘图前检查硬件完好状态,使用完毕整理回准备状态,没检查,没整理每一项扣5～10分 8. 工作全程保持场地清洁,如有脏乱扣5-10分		50	教师评价：			教师签名
总 分							

活动六 总结、评价与反思

能力目标

1）能对学习任务的完成过程及学业成果进行总结、汇报。

2）能对学习任务的完成过程及完成效果进行客观公正的综合评价。

活动地点

零件测绘与分析学习工作站。

学习过程

一、工作总结

1）以小组为单位,撰写工作总结,并选用适当的表现方式向全班展示、汇报学习成果。

2）评价,完成表4-13。

表 4-13　工作总结评分表

评价指标	评价标准	分值(分)	评价方式及得分		
			个人评价（10%）	小组评价（20%）	教师评价（70%）
参与度	小组成员能积极参与总结活动	5			
团队合作	小组成员分工明确、合理，遇到问题不推委责任，协作性好	15			
规范性	总结格式符合规范	10			
总结内容	内容真实、针对存在问题有反思和改进措施	15			
总结质量	对完成学习任务的情况有一定的分析和概括能力	15			
	结构严谨、层次分明、条理清晰、语言顺畅、表达准确	15			
	总结表达形式多样	5			
汇报表现	能简明扼要地阐述总结的主要内容，能准确流利地表达	20			
学生姓名		小计			
评价教师		总分			

二、学习任务综合评价（表 4-14）

表 4-14　学习任务综合评价表

评价内容	评价标准	评价等级			
		A	B	C	D
学习活动 1	A. 学习活动评价成绩为 90～100 分 B. 学习活动评价成绩为 75～89 分 C. 学习活动评价成绩为 60～74 分 D. 学习活动评价成绩为 0～59 分				
学习活动 2	A. 学习活动评价成绩为 90～100 分 B. 学习活动评价成绩为 75～89 分 C. 学习活动评价成绩为 60～74 分 D. 学习活动评价成绩为 0～59 分				
学习活动 3	A. 学习活动评价成绩为 90～100 分 B. 学习活动评价成绩为 75～89 分 C. 学习活动评价成绩为 60～74 分 D. 学习活动评价成绩为 0～59 分				
学习活动 4	A. 学习活动评价成绩为 90～100 分 B. 学习活动评价成绩为 75～89 分 C. 学习活动评价成绩为 60～74 分 D. 学习活动评价成绩为 0～59 分				

（续）

评价内容	评价标准	评价等级			
		A	B	C	D
学习活动5	A. 学习活动评价成绩为90～100分 B. 学习活动评价成绩为75～89分 C. 学习活动评价成绩为60～74分 D. 学习活动评价成绩为0～59分				
工作总结	A. 工作总结评价成绩为90～100分 B. 工作总结评价成绩为75～89分 C. 工作总结评价成绩为60～74分 D. 工作总结评价成绩为0～59分				
小计					
学生姓名		综合评价等级			
评价教师		评价日期			

绘制减速器装配图

　　根据企业要求，完成绘制减速器装配图，以便指导安装、维护。技术主管将该任务交给技术员小王，要求小王在两天内完成。

　　小王接受任务后，查找资料，了解装配图的组成和常用表达方法，并与工程师沟通，确定工作方案，制订工作计划；交技术主管审核通过后，按计划实施；领取减速器各零件图样，根据减速器结构原理，绘制草图；用计算机绘制图样、文件保存归档、图样打印；测绘、分析过程中适时检查，确保图形的正确性；绘制完毕，主管审核正确后签字确认，图样交相关部门归档，并填写工作记录。整个工作过程应遵循 6S 管理规范。

学习内容

1. 机械设计手册的使用方法。

2. 装配图的作用和内容。

3. 查阅资料，掌握装配图的作用和内容。

4. 叙述键连接（平键、半圆键、楔键、花键）的种类。

5. 解释键连接的应用场合。

6. 明确局部视图的定义及画法。

7. 查阅设计手册，明确轴类零件的绘制方法。

8. 查阅平键连接的三种配合方式及应用。

9. 明确平键尺寸公差的选用。

10. 解释与平键相关的几何公差的符号、定义及标注方法。

11. 明确花键连接的三种配合方式及应用。

12. 明确花键尺寸公差的选用及标注。

13. 解释与花键相关的几何公差的符号、定义及标注方法。

14. 滚动轴承的通用画法、特征画法及规定画法。

15. 滚动轴承的分类、特点和类型代号的含义。

16. 滚动轴承的尺寸选择方法。

17. 选择装配体的表达方案。

18. 绘制减速器装配图。

19. 绘图软件的使用方法。

20. 6S 管理知识。

21. 工作任务记录的填写方法。

22. 归纳总结方法。

活动一　接受任务并制订方案

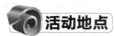 **能力目标**

1）识读任务单。

2）通过查阅资料，结合教师讲解，学习绘制装配图的流程，编写任务方案。

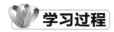 **活动地点**

零件测绘与分析学习工作站。

学习过程

你要掌握以下资讯与决策，才能顺利完成任务

接受任务单（表5-1）。

表5-1　测绘任务单

单号：_____　开单部门：_____　开单人：_____

开单时间：_____年_____月_____日_____时_____分

接单部门：_____部_____组_____

任务概述	客户要求，现提供减速器实物一台，前期已将减速器中各零件测绘，形成零件图，本次任务形成装配图。
任务完成时间	
接单人	（签名） 　　　　　　　　　　　　　　年　　　　月　　　　日

请查找资料，将不懂的术语记录下来。

_____

_____

_____

小提示

信息采集源：1）《机械制图》

　　　　　　2）《机械设计手册》

　　　　　　其他：_____

试一试

填写装配图定义及作用。

1. 装配图的定义

表示产品及其组成部分的连接、装配关系的图样称为_____（A. 装配图　B. 总装配图　C. 部件装配图）。

表示一台完整机器的装配图，称为_____（A. 装配图　B. 总装配图　C. 部件装配图）。

表示机器中某个部件（或组件）的装配图，称为_____（A. 装配图　B. 总装配图　C. 部件装配图）。

2. 装配图的作用

装配图是表示机器或部件的_____（A. 装配　B. 安装）关系、工作原理、传动路线、零件的主要结构形状，以及装配、检验、安装时所需要的尺寸数据和技术要求的技术文件。

实施活动　各小组试写出绘制减速器装配图的流程

评价	各组选出优秀成员在全班讲解制定的绘图流程 小组互评、教师点评	小组名次

活动二　绘制减速器装配图

能力目标

1）查阅资料，掌握装配图的作用和内容。

2）叙述键连接（平键、半圆键、楔键、花键）的种类。

3）解释键连接的应用场合。

4）明确局部视图的定义及画法。

5）查阅设计手册，明确轴类零件的绘制方法。

6）查阅平键连接的三种配合方式及应用。

7）明确平键尺寸公差的选用。

8）解释与平键相关的几何公差的符号、定义及标注方法。

9）明确花键连接的三种配合方式及应用。

10）明确花键尺寸公差的选用及标注方法。

11）解释与花键相关的几何公差的符号、定义及标注方法。

12）滚动轴承的通用画法、特征画法及规定画法。

13）滚动轴承的分类、特点及类型代号的含义。

14）滚动轴承尺寸的选择方法。

15）选择装配体的表达方案。

16）绘制减速器装配图。

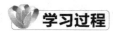 **活动地点**

零件测绘与分析学习工作站。

学习过程

你要掌握以下资讯与决策，才能顺利完成任务

引导问题

你知道装配图与零件图的关系吗？

在设计过程中，一般是先画_____，然后画_____（A. 装配图　B. 零件图）。

在生产过程中，先根据_____（A. 装配图　B. 零件图）进行加工，然后依照_____（A. 装配图　B. 零件图）将零件装配成部件或机器。

在使用产品时，要从_____（A. 装配图　B. 零件图）上了解产品的结构、性能、工作原理及保养、维修的方法和要求。

一、装配图的内容

一张完整的装配图应具备如下内容：一组图形、必要的尺寸、技术要求、零件序号、标题栏、明细栏。齿轮泵如图 5-1 所示，请根据装配图的内容，完成图 5-2。

图 5-1　齿轮泵

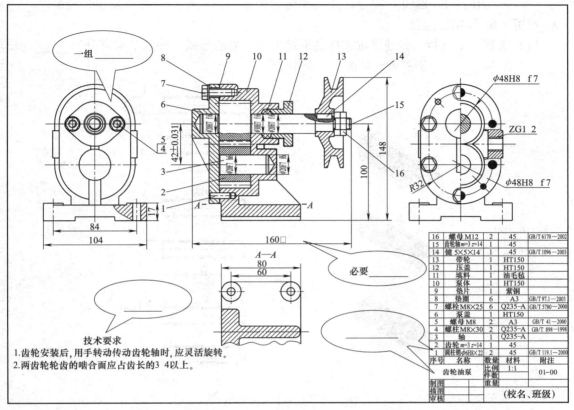

16	螺母 M12	2	45	GB/T 6170—2002
15	齿轮轴m=3 z=14	1	45	
14	键 5×5×14	1	45	GB/T 1096—2003
13	带轮	1	HT150	
12	压盖	1	HT150	
11	填料	1	油毛毡	
10	泵体	1	HT150	
9	垫片	1	紫铜	
8	垫圈	6	A3	GB/T 97.1—2003
7	螺栓M8×25	6	Q235-A	GB/T 5780—2000
6	泵盖	1	HT150	
5	螺母 M8	2	A3	GB/T 41—2000
4	螺柱M8×30	2	Q235-A	GB/T 898—1998
3	轴	1	Q235-A	
2	齿轮m=3 z=14	1	45	
1	圆柱销φ6H8×22	2	45	GB/T 119.1—2000
序号	名称	数量	材料	附注
	齿轮油泵	比例 1:1		01—00
		件数	重量	
制图				(校名、班级)
描图				
审核				

技术要求

1. 齿轮安装后，用手转动传动齿轮轴时，应灵活旋转。
2. 两齿轮轮齿的啮合面应占齿长的3 4以上。

图 5-2　齿轮油泵装配图

引导问题

你知道减速器中齿轮与轴是怎样连接的吗？

二、减速器中常用的标准件——键和轴承

1. 键连接

键连接（图5-3）主要是用来实现轴和轮毂（如齿轮、带轮、蜗轮、凸轮等）之间的

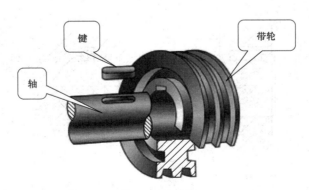

图 5-3　键连接

_____（A. 周向　B. 轴向）固定，并用来传递转矩。键连接是一种应用很广泛的_____（A. 可拆　B. 固定）连接。

（1）普通平键连接　普通平键连接是平键中最主要的形式。普通平键可分为_____型、_____型和_____型三种，如图 5-4 所示。

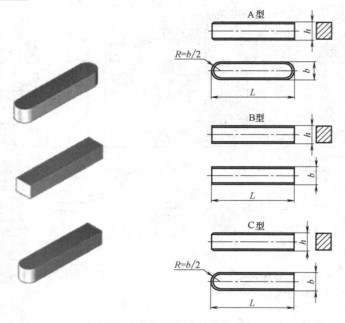

图 5-4　普通平键的种类

普通平键的标记由标准编号、名称和型号、尺寸三部分组成。

如 A 型（圆头）普通平键，$b = 12\text{mm}$，$h = 8\text{mm}$，$L = 50\text{mm}$，标记为 GB/T 1096　键 $12 \times 8 \times 50$。C 型（单圆头）普通平键，$b = 18\text{mm}$，$h = 11\text{mm}$，$L = 100\text{mm}$，标记为_____。

注：标记中 A 型普通平键的"A"省略不注，而 B 型和 C 型要标注"B"和"C"。

普通平键的_____（A. 两侧面　B. 上、下面）是工作面，而在高度方向留有间隙。工作时，靠键槽侧面的挤压来传递转矩。键和键槽的尺寸如图 5-5 所示，平键的选用主要根据轴的直径，从标准中选定键的剖面尺寸 $b \times h$，键和键槽剖面尺寸及键槽公差可查表获得。

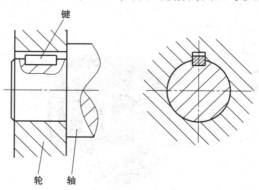

图 5-5　键连接画法

普通平键连接对中性好，装拆方便，适用于高速、高精度和承受变载、冲击的场合。

（2）导向平键　导向平键是加长的普通平键，用螺钉固定在轴槽中。为了便于装拆，在键上制有起键螺纹孔。这种键能实现轴上零件的_____（A. 轴向　B. 径向）向移动，轮毂移动时，键起_____（A. 导向　B. 固定）作用，常用于变速器中的滑移齿轮连接，如图5-6所示。

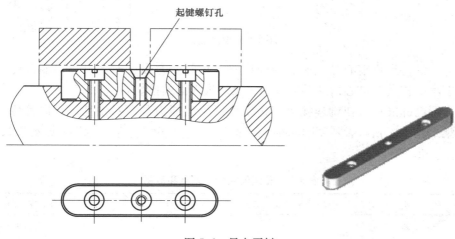

起键螺钉孔

图5-6　导向平键

（3）半圆键　如图5-7所示，半圆键工作时靠_____（A. 上下面　B. 两侧面）传递转矩。这种键连接的特点是制造容易，装拆方便，键在轴槽中能绕自身几何中心沿槽底圆弧摆动，以适应轮毂上键槽的斜度，如图5-8所示。尤其适用于_____（A. 锥形轴　B. 柱形）轴与轮毂的连接。但其轴上的键槽过深，对轴的削弱较大，适用于____（A. 轻　B. 重）载连接。

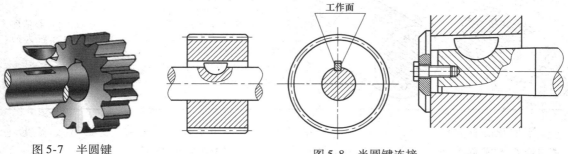

工作面

图5-7　半圆键　　　　　　　　　图5-8　半圆键连接

（4）楔键　如图5-9所示，键的上表面与轮毂键槽底面各有1:100的_____（A. 斜度　B. 锥度），键楔入槽后，上、下面有很大的楔紧力。工作时，靠楔紧的摩擦力传递转矩，同时还可以承受单向的_____（A. 轴向　B. 周向）载荷，对轮毂起到单向的轴向定位作用。楔紧力会使轴毂产生偏心，故楔键多用于精度不高，转速较低，承受单向载荷的场合。常见的楔键有普通楔键和_____楔键两种。

（5）花键连接　轴和轮毂孔周向均布多个凸齿（外花键）和凹槽（内花键）构成的连接称为花键连接，_____（A. 上表面　B. 两侧面）为工作面。

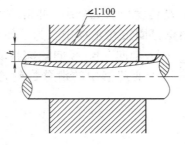
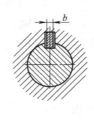
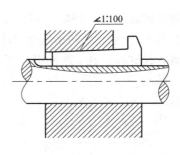

图 5-9　楔键连接

花键连接的特点是定心精度高、导向性好、承载能力强、连接可靠，能传递较大的转矩，适用于载荷较大、定心精度要求较高、尺寸较大的连接。

花键齿形已标准化，花键连接为多齿工作，承载能力高，对中性、导向性好，齿根较浅，应力集中较小，轴与毂强度削弱小。其类型有_____和_____，特点见表5-2，应用最广的为_____花键。

表 5-2　花键的类型、特点和应用

类　型	特　点	应　用
矩形花键	矩形花键加工方便，能用磨削方法获得较高精度	应用广泛，如飞机、汽车、拖拉机、机床制造业、农业机械及一般机械传动等
渐开线花键	渐开线花键的齿廓为渐开线，受载时齿上有径向力，能起自动定心的作用，使各齿受力均匀、强度高、寿命长，加工工艺与齿轮相同，易获得较高的精度和互换性。圆柱直齿渐开线花键压力角 α 有 30°、37.5°及45°共 3 种	用于载荷较大、定心精度要求高，以及尺寸较大的连接

矩形花键有大径 D、_____和键（槽）宽 三个主要尺寸参数（表5-3），矩形花键的定心方式有大径定心、小径定心和齿侧定心三种，如图5-10 所示。

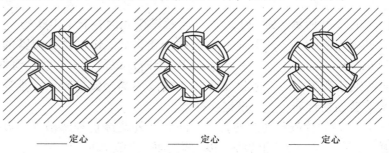

_____定心　　　　_____定心　　　　_____定心

图 5-10　花键连接的定心方式

表 5-3　花键的尺寸参数

花键类型		尺寸参数
＿＿＿(A. 外　B. 内)花键		
＿＿＿(A 外　B. 内)花键		

其缺点是齿根仍有应力集中，需专用设备制造，成本高。

矩形花键的标记代号应按次序包括下列项目：键数 N、小径 d、大径 D、键（槽）宽和花键的公差带代号，例如，花键 $N = 6$，$d = 23H7/f7$，$D = 26H10/a11$，$B = 6H11/d10$ 的标记如下：

1）花键规格为 $N \times d \times D \times B$，即

$$6 \times 23 \times 26 \times 6$$

2）花键副标注花键规格和配合代号，即

$$6 \times 23H7/f7 \times 26H10/a11 \times 6H11/d10 \quad GB/T\ 1144—2001$$

3）内花键标注花键规格和尺寸公差带代号，即

$$6 \times 23H7 \times 26H10 \times 6H11 \quad GB/T\ 1144—2001$$

4）外花键标注花键规格和尺寸公差带代号，即

$$6 \times 23f7 \times 26a11 \times 6d10 \quad GB/T\ 1144—2001$$

（6）轴槽的画法　键属于标准件，其零件图＿＿＿＿（A. 需要　B. 不需要）单独画出，但＿＿＿＿＿（A. 需要　B. 不需要）画出零件上与键相配合的键槽，如图 5-11 所示，t 为轴上键槽深度，b、t、L 可按轴径 d 从标准中查出。

（7）轮毂上键槽的画法　轮毂上键槽的画法如图 5-12 所示，其中，t_1 表示轮毂上键槽

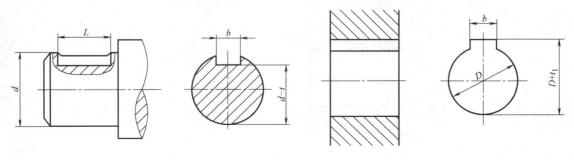

图 5-11　轴槽的画法　　　　　　　　　图 5-12　轮毂上键槽的画法

深度，b 表示键槽的宽度，t_1，b 可按孔径 D 从标准中查出。

表5-4 平键和键槽的尺寸与公差

轴 公称直径 d	键 公称尺寸 $b \times h$ (h8)	键 长度 L (h11)	键槽 宽度 b 基本尺寸 b	极限偏差 松连接 轴 H9	极限偏差 松连接 毂 D10	极限偏差 正常连接 轴 N9	极限偏差 正常连接 毂 JS9	极限偏差 紧密连接 轴和毂 P9	深度 轴 t_1 公称尺寸	深度 轴 t_1 极限偏差	深度 毂 t_2 公称尺寸	深度 毂 t_2 极限偏差	半径 r 最大	半径 r 最小
>10~12	4×4	8~45	4	+0.030 / 0	+0.078 / +0.030	0 / −0.03	±0.015	−0.012 / −0.042	2.5	+0.1 / 0	1.8	+0.1 / 0	0.08	0.16
>12~17	5×5	10~56	5						3.0		2.3			
>17~22	6×6	14~70	6						3.5		2.8		0.16	0.25
>22~30	8×7	18~90	8	+0.036 / 0	+0.098 / +0.040	0 / −0.036	±0.018	−0.015 / −0.051	4.0		3.3			
>30~38	10×8	22~110	10						5.0		3.8			
>38~44	12×8	28~140	12	+0.043 / 0	+0.0120 / +0.050	0 / −0.043	±0.022	−0.018 / −0.061	5.0		3.8			
>44~50	14×9	36~160	14						5.5	+0.2 / 0	4.3	+0.2 / 0	0.025	0.40
>50~58	16×10	45~180	16						6.0		4.4			
>58~65	18×11	50~200	18						7.0		4.9			
>65~75	20×12	56~220	20	+0.052 / 0	+0.0149 / +0.065	0 / −0.052	±0.026	−0.022 / −0.074	7.5		5.4			
>75~85	22×14	63~250	22						9.0		6.4		0.40	0.60
>85~95	25×14	70~280	25						9.0		6.4			
>95~110	28×16	80~320	28						10		10			
L 系列	6~22(2进位)、25、28、32、36、40、45、50、56、63、70、90、100、110、120、125、140、160、180、200、220、250、280、320、360、400、450、500													

注：1. $(d-t)$ 和 $(d-t_1)$ 两组合尺寸的极限偏差均按相应的 t_1 和 t_2 的极限偏差选取，但 $(d-t)$ 的极限偏差应取负号。

2. 国家标准 GB/T 1095—2003 中未列入"轴的直径 d"，本表列出仅供参考。

（8）键连接的画法 普通平键连接的装配图画法如图5-13所示。主视图中的键被剖切面_____（A. 纵向 B. 横向）剖切，按_____（A. 剖 B. 不剖）处理。为了表示键在轴上的装配情况，采用_____（A. 局部剖视图 B. 全剖视图）。对于普通平键连接，键的顶面与轮毂之间应有间隙，要画_____（A. 一条线 B. 两条线），键的侧面与轮毂槽和轴槽之间、键的底面与轴槽之间都接触，只画_____（A. 一条线 B. 两条线）。

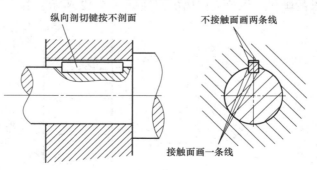

纵向剖切键按不剖面　　不接触面画两条线　　接触面画一条线

图5-13 键连接的画法

（9）平键连接的极限与配合

1）平键连接尺寸公差：在平键连接中，_____和_____是配合尺寸。键由型钢制成，是标准件，配合采用基_____（A. 轴　B. 孔）制。国家标准对键宽规定一种公差带，对轴和轮毂的键槽宽各规定了三种公差带，构成三种不同的配合，即松连接、_____和_____连接，见表5-4。

平键连接尺寸 b 的公差带如图5-14所示。

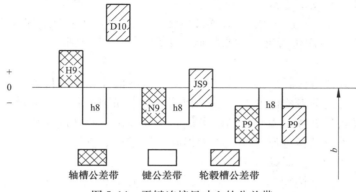

图 5-14　平键连接尺寸 b 的公差带

平键的三种配合及应用见表5-5（请在空格内填写公差代号）。

表 5-5　平键配合的种类及应用

配合种类	尺寸 b 的公差			配合性质及应用
	键	轴槽	轮毂槽	
松连接		H9		键在轴上及轮毂中均能滑动,主要用于导向平键,轮毂可在轴上作轴向移动
正常连接	h9		JS9	键在轴上及轮毂中均固定,用于载荷不大的场合
紧密连接			P9	键在轴上及轮毂中均固定,比上一种配合更紧,主要用于载荷较大、载荷具有冲击性,以及双向传递转矩的场合

2）平键连接几何公差：键与键槽的几何误差不但使装配困难，影响连接的松紧程度，而且使工作面受力不均，对中性不好，因此必须加以限制。

在国家标准中，对键和键槽的几何公差有如下规定。

① 轴槽及轮毂槽对轴及轮毂轴线的对称度，根据不同的功能要求和键宽 b，一般按 GB/T 1184—1996 的对称度公差 7 ~ 9 级选取。

② 当键长 l 与键宽 b 之比大于或等于 8 时，应提出键宽 b 两侧面在长度方向的_____（A. 平行度　B. 对称度）要求。当 $b \leqslant 6$mm 时，按 GB/T 1184—1996 规定的 7 级选取；当 $b \geqslant 8 \sim 36$mm 时，按 6 级选取；当 $b \geqslant 40$mm 时，按 5 级选取。

3）平键连接的表面粗糙度：一般情况，键侧面取 $Ra1.6\mu$m，键槽侧面取 $Ra(1.6 \sim 6.3)\mu$m，键与槽的上、下面取 $Ra6.3\mu$m，其余的取_____。重要键连接，特别是导向平键，其侧面需磨削至 $Ra0.8\mu$m。

4）矩形花键连接的极限与配合分为两种情况：

① 一般用途的矩形花键。

② 精密传动的矩形花键。

为了减少加工和检验内花键拉刀和量规的规格和数量，矩形花键连接采用_____（A. 基孔制　B. 基轴制）配合。

标准中规定矩形花键的配合按装配型式分三种：

① 滑动配合（在工作过程中，可传递转矩，花键套还可在轴上移动）。

② 紧滑动配合。

③ _____配合（工作过程中，只用来传递转矩，花键套在轴上无轴向移动）。

花键的几何公差对花键连接的装配性能及传力性影响大，必须限制：

① 形状误差。内、外键小径定心表面的的形状公差和尺寸公差遵守包容原则。

② 分度误差。一般用位置度公差来控制，采用_____原则。

2. 轴承

用于确定轴与其他零件相对运动位置并起支承或导向作用的零件称为_____。

根据支承处相对运动表面的摩擦性质，轴承分为滑动轴承和滚动轴承，如图5-15所示。

滚动轴承的优点是摩擦阻力小、启动灵敏、工作稳定、效率高等优点，且已标准化，选用、润滑、密封、维护都很方便，在机器中得到广泛使用。其缺点是抗冲击能力差，高速时易出现噪声，工作寿命不及滑动轴承。

滑动轴承的优点是结构简单、易于制造、装拆方便、承载能力强、良好的抗冲击和吸振性、工作平稳、回转精度高等。因此在某些条件下，以使用滑动轴承为宜。其缺点是起动摩擦阻力大，润滑、维护要求高等。

（1）滑动轴承　根据所受载荷的方向不同，滑动轴承可分为_____、_____两种，如图5-16所示。

_____轴承　　　　　_____轴承　　　　　径向滑动轴承　　　　推力滑动轴承

图5-15　轴承的类型　　　　　　　　　　图5-16　滑动轴承的类型

滑动轴承主要由滑动轴承座、轴瓦或轴套组成，如图5-17所示。

图5-17　滑动轴承的结构

常用的径向滑动轴承有以下几种结构，如图 5-18 至图 5-21 所示。

1）＿＿＿＿＿＿＿径向滑动轴承。

2）＿＿＿＿＿＿＿径向滑动轴承。

3）＿＿＿＿＿＿的轴承，外表面为圆锥面（1:30 ~ 1:10），内表面为圆柱面，如机床主轴轴承。可通过调整轴套相对于轴的位置来调整轴承间隙。

4）＿＿＿＿＿＿的轴承，用于支承细长的轴或多支点轴。轴受载后变形较大，轴颈长度较大时，会造成轴承偏磨，为此采用自位轴承。

图 5-18　整体式径向滑动轴承

图 5-19　剖分式滑动轴承

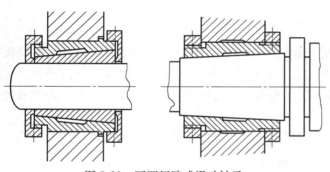

图 5-20　可调间隙式滑动轴承

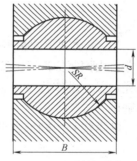

图 5-21　自位滑动轴承

常用的推力滑动轴承有以下几种止推形式，如图 5-22 所示。

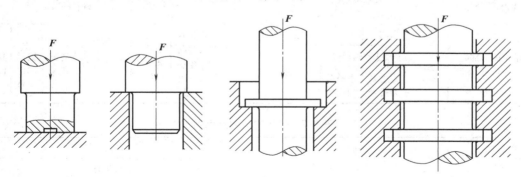

图 5-22　推力滑动轴承的止推形式

（2）滚动轴承

1）滚动轴承的结构：滚动轴承一般由上圈、下圈、滚动体和保持架组成。内圈装在轴颈上，外圈装在机座或零件的轴承孔内。多数情况下，＿＿＿＿＿不转动，＿＿＿＿＿＿与轴一起转动。如图 5-23 所示，请在图中指出滚动轴承的组成部分。

图 5-23　滚动轴承的结构

2）滚动轴承的种类：根据所受载荷的方向不同，滚动轴承可分为向心轴承、推力轴承、向心推力轴承三大类。根据滚动体的形状，滚动轴承分为_____轴承与_____轴承两大类。常见滚动体的形状如图 5-24 所示。

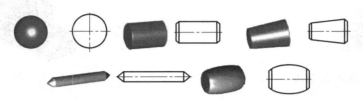

图 5-24　滚动体的形状

3）滚动轴承的基本代号：滚动轴承的代号用于表征滚动轴承的结构、尺寸、类型和精度等，由国家标准 GB/T 272—1993 规定。滚动轴承的代号见表 5-6，其构成见表 5-7，包括前置代号、基本代号、后置代号。基本代号表示轴承的基本类型、结构和尺寸，是轴承代号的基础。

基本代号由轴承类型代号、尺寸系列代号和内径代号三部分自左向右顺序排列组成。

表 5-6　滚动轴承的代号

前置代号	基本代号					后置代号							
表示轴承的分部件	表示轴承的类型与尺寸等主要特征					表示轴承的精度与材料的特征							
轴承的分部件代号	五	四	三	二	一	内部结构代号	密封与防尘结构代号	保持架及其材料代号	特殊轴承材料代号	公差等级代号	游隙代号	多轴承配置代号	其他代号
	类型代号	尺寸系列代号		内径代号									
		宽度系列代号	直径系列代号										

表 5-7　代号的构成及示例

前置代号	基本代号	后置代号
字母	字母和数字	字母和数字
NN	3006K	C4

4）滚动轴承的类型代号：滚动轴承共有_____种基本类型，轴承类型代号用_____或_____表示，见表 5-8。

5）滚动轴承的尺寸系列代号：尺寸系列代号由_____数字组成，分别是轴承的_____系列代号和_____系列代号。

表 5-8 一般滚动轴承类型代号

轴承类型	代号	轴承类型	代号
双列角接触球轴承	0	深沟球轴承	6
调心球轴承	1	角接触球轴承	7
调心滚子轴承和推力调心滚子轴承	2	推力圆柱滚子轴承	8
圆锥滚子轴承	3	圆柱滚子轴承	N
双列深沟球轴承	4	外球面球轴承	U
推力球轴承	5	四点接触球轴承	QJ

6）滚动轴承的内径代号：基本代号一般由五个数字（或字母加四个数字）组成。当宽度系列为 0 时可省略，如 6200 02 为尺寸系列代号。

7）滚动轴承的前置代号和后置代号：前置代号和后置代号是轴承在形状、尺寸、公差、技术要求等改变时，在基本代号左右添加的补充代号。

前置代号在基本代号的_____面，表示轴承的分部件，用字母表示，如 L、K、R、NU、WS、GS。

后置代号在基本代号的_____面，表示轴承的内部结构、密封、保持架及材料、轴承材料、公差等级、游隙组别、配置安装代号等要求。具体包括以下内容：

① 内部结构代号：C、AC、B 表示角接触球轴承的接触角，分别代表 $\alpha = 15°$、$25°$、$40°$。

② 密封、防尘与外部形状变化代号。

③ 轴承的公差等级包括 0、2、4、5、6、6X 等 6 级，分别用/P0，/P6，/P6X，/P5，/P4，/P2 表示，轴承精度依次由低到高，其价格也依次升高。一般尽可能选用/P0 级（轴承代号中省略不表示）。

④ 轴承的径向游隙。

⑤ 保持架代号，如滚动轴承 6204，左起第一位数字是轴承类型代号，表示深沟球轴承；第二位数字是尺寸系列代号，尺寸系列是指同一内径的轴承具有不同的外径和宽度，因而有不同的承载能力；最后的两位数字是内径代号，其含义见表 5-9。

表 5-9 滚动轴承的内径代号

轴承公称内径/mm		内 径 代 号	示 例
0.6 到 10（非整数）		用公称内径毫米数直接表示，在其与尺寸系列代号之间用"/"分开	深沟球轴承 618/2.5 $d = 2.5mm$
1 到 9（整数）		用公称内径毫米数直接表示，对深沟及角接触轴承使用 7,8,9 直径系列，内径与尺寸系列代号之间用"/"分开	深沟球轴承 62/5 $d = 5mm$ 深沟球轴承 618/5 $d = 5mm$
10 到 17	10	00	深沟球轴承 6200 $d = 10mm$
	12	01	
	15	02	
	17	03	
20 到 480 （22,28,32 除外）		公称内径除以 5 的商数，商数为一位数时在商数左边加"0"，如 08	调心滚子轴承 23208 $d = 40mm$

（续）

轴承公称内径/mm	内 径 代 号	示　　　例
等于和大于 500，以及 22,28,32	用公称内径毫米数直接表示，与尺寸系列代号之间用"／"分开	调心滚子轴承 230/500 $d = 500\text{mm}$ 深沟球轴承 62/22 $d = 22\text{mm}$

滚动轴承基本代号表示方法举例如下：

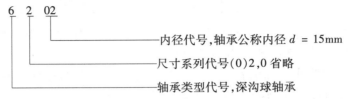

　　　　　　　内径代号,轴承公称内径 $d = 15\text{mm}$
　　　　　　　尺寸系列代号(0)2,0 省略
　　　　　　　轴承类型代号,深沟球轴承

试写出滚动轴承 23224 含义：

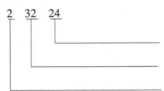

8）滚动轴承的种类：请通过查阅资料，完成表 5-10。

表 5-10　滚动轴承的种类

轴承类型	简　图	类型代号	标准号	特　　性
（　　）		1	GB/T 281	主要承受径向载荷,也可同时承受少量的双向轴向载荷。外圈滚道为球面,具有自动调心的性能,适用于弯曲刚度小的轴
（　　）		2	GB/T 288	用于承受径向载荷,其承载能力比调心球轴承大,也能承受少量的双向轴向载荷。具有调心性能,适用于弯曲刚度小的轴
（　　）		3	GB/T 297	能承受较大的径向载荷和轴向载荷。内外圈可分离,故轴承游隙可在安装时调整,通常成对使用,对称安装
（　　）		4	—	主要承受径向载荷,也能承受一定的双向轴向载荷。它比深沟球轴承具有更大的承载能力

（续）

轴承类型	简　图		类型代号	标准号	特　　性
（　　）	单向	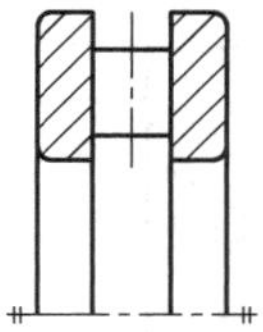	5 (5100)	GB/T 301	只能承受单向轴向载荷,适用于轴向力大而转速较低的场合
	双向	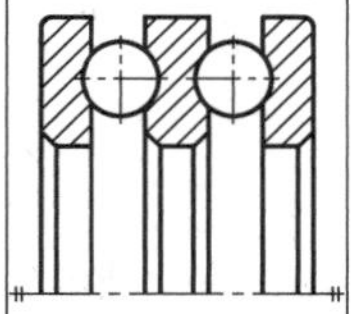	5 (5200)	GB/T 301	可承受双向轴向载荷,常用于轴向载荷大、转速不高的场合
（　　）	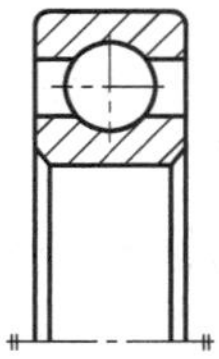		6	GB/T 276	主要承受径向载荷,也可同时承受少量双向轴向载荷。摩擦阻力小,极限转速高,结构简单,价格便宜,应用最广泛
（　　）	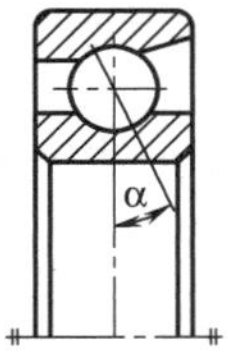		7	GB/T 292	能同时承受径向载荷与轴向载荷,接触角 α 有 15°、25°、40°三种。适用于转速较高、同时承受径向和轴向载荷的场合
（　　）	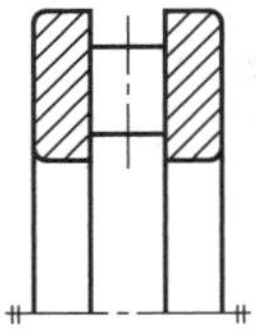		8	GB/T 4663	只能承受单向轴向载荷,承载能力比推力球轴承大得多,不允许轴线偏移。适用于轴向载荷大而不需调心的场合
（　　）	外圈无挡边圆柱滚子轴承	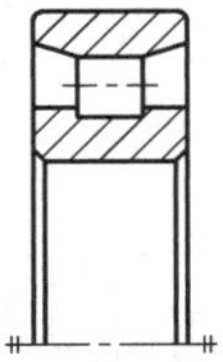	N	GB/T 283	只能承受径向载荷,不能承受轴向载荷。承受载荷能力比同尺寸的球轴承大,尤其是承受冲击载荷能力大

9）滚动轴承的选择包括以下内容：

① 选择滚动轴承的类型时，先分析载荷的大小、方向和性质，如图 5-25 所示。主要受径向力 F_r 时，选择_____轴承；主要受轴向力 F_a，且转速 n 不高时，选_____轴承；同时受 F_r 和 F_a 均较大，n 较高时，选择_____轴承，n 较低时，选择_____轴承；F_r 较大，F_a 较小时，选择_____轴承；F_a 较大，F_r 较小时，选择_____轴承。

之后分析转速条件，转速 n 高，载荷小，旋转精度高，选择_____轴承；转速 n 低，载荷大，或冲击载荷，选择_____轴承；高速轻载，宜选用_____、_____或_____系列轴承；低速重载，宜选用_____或_____系列轴承。

再之后分析调心性能，轴的刚性较差，轴承孔不同心时，选择_____轴承。

然后分析安装、调整性能，类型代号为3或7两类轴承应_____使用，对称安装，旋转精度较高时，选择较_____的公差等级和较_____的游隙。

最后分析经济性，球轴承比滚子轴承便宜；同型号轴承，精度越高，价格越_____；优先考虑用_____等级的深沟球轴承。

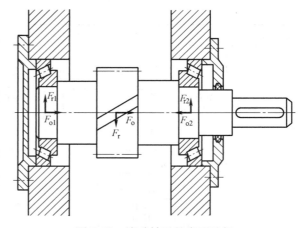

图 5-25　滚动轴承的类型选择

② 滚动轴承的精度选择：同型号的轴承，精度越高，价格也越高，一般机械传动宜选用普通级（P0）精度。

③ 滚动轴承的尺寸选择：根据轴颈直径，初步选择适当的轴承型号，然后进行轴承寿命计算或静强度计算。

10）滚动轴承的画法：滚动轴承的表示法包括_____画法、_____画法和_____画法。其中，_____画法和_____画法又称为_____画法。

滚动轴承在装配图中一侧用剖视图画法表示，另一侧用特征画法表示。

请填写表5-11所画的轴承类型。

三、装配图的表达方法

零件的各种表达方法同样适用于装配图，但是零件图和装配图表达的侧重点不同。零件图需把各部分形状完全表达清楚，而装配图主要表达部件的装配关系、工作原理、零件间的连接关系及主要零件的结构形状等。因此，根据装配的特点和表达要求，国家标准《机械制图》对装配图提出了一些规定画法和特殊的表达方法。

表 5-11　常用滚动轴承的表示法

轴承类型	通用画法	特征画法	规定画法	图示画法

（续）

轴承类型	通用画法	特征画法	规定画法	图示画法

1. 装配图的规定画法

1）两相邻零件的接触面和配合面只画一条线，非接触面和非配合面画两条线，如图 5-26 所示。

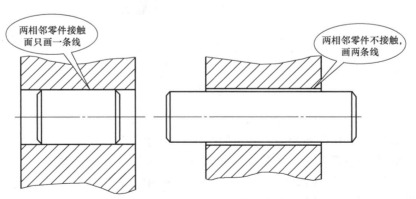

图 5-26 两零件的接触面和非接触面画法

2）两相邻零件剖面线方向相反，或方向相同，间隔不等，同一零件在各视图上剖面线方向和间隔必须一致，如图 5-27 所示。

3）当剖切平面通过紧固件（如螺钉、螺栓、螺母、垫圈等）和实心零件（如键、销、轴、球等）的轴线时，均按不剖绘制，如图 5-28 所示。若需要表达某些零件的某些结构，

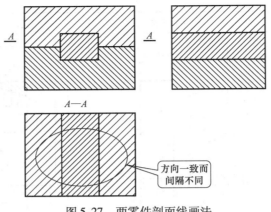

图 5-27　两零件剖面线画法

如键槽、销孔、齿轮的啮合等，可用局部剖视图表示。

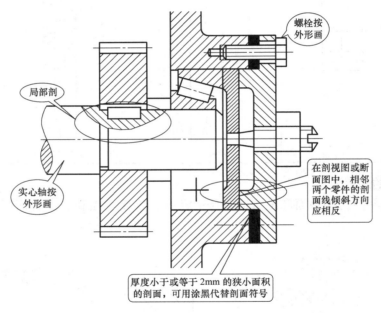

图 5-28　规定画法

2. 特殊画法

（1）沿结合面剖切和拆卸画法　画法如图 5-29 所示。

（2）假想画法　当需表达本装配件与相邻部件或零件的连接关系时，可用双点画线画出相邻部件或零件的轮廓，如图 5-30 所示。在装配图中，需表达某零件的运动范围和极限位置时，可用双点画线画出该零件的极限位置轮廓。

3. 夸大画法

在装配图中，如绘制厚度很小的薄片、直径很小的孔，以及很小的锥度、斜度和尺寸很小的非配合间隙时，这些结构可不按原比例而夸大画出，如图 5-31 所示。

4. 简化画法

装配图中若干相同的零件组，如螺栓、螺母、垫圈等，可只详细地画出一组或几组，其

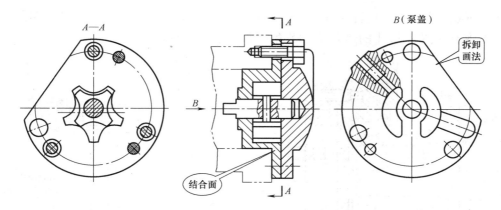

图 5-29　沿结合面剖切和拆卸画法

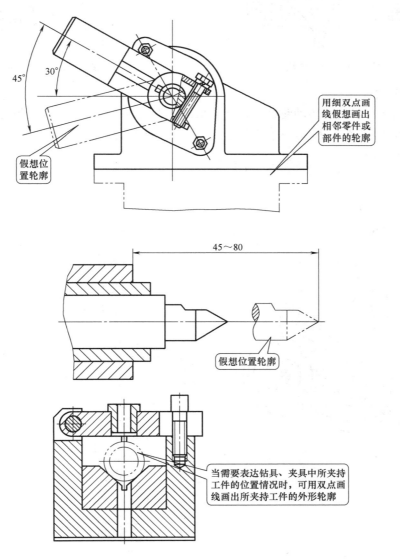

图 5-30　假想画法

余只用点画线表示出装配位置即可。在装配图中，零件的工艺结构，如小圆角、倒角、退刀槽等可不画出（图5-32中的退刀槽、圆角及轴端倒角都未画出）。

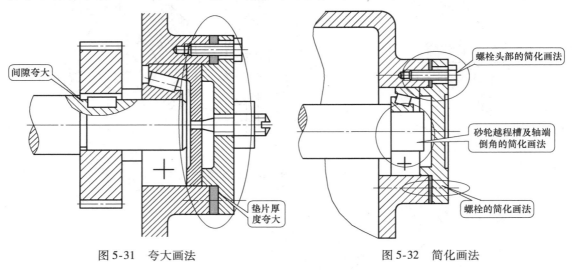

图 5-31　夸大画法　　　　　　　　　　图 5-32　简化画法

5. 展开画法

为了表达传动机构的传动路线和装配关系，可假想地按传动顺序将设备沿轴线剖切，然后依次将各剖切平面展开在一个平面上，画出其剖视图。此时应在展开图的上方注明"×—×展开"字样。

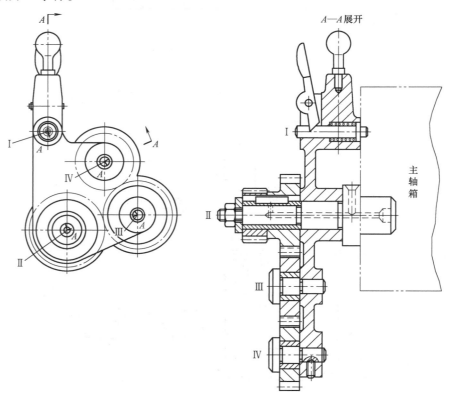

图 5-33　展开画法

6. 单独零件的单独画法

单独零件的单独画法如图 5-34 所示。

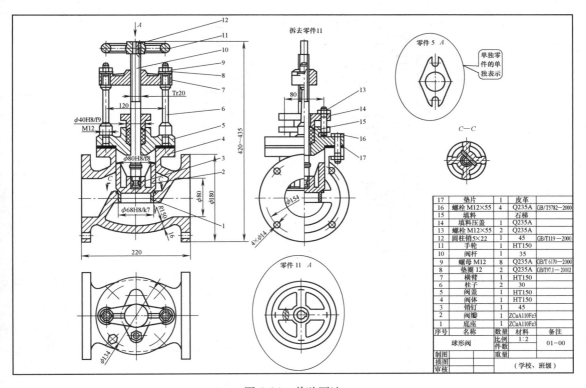

图 5-34　单独画法

四、装配图的尺寸标注及技术要求

（1）性能规格尺寸　性能规格尺寸的标注如图 5-35 所示。

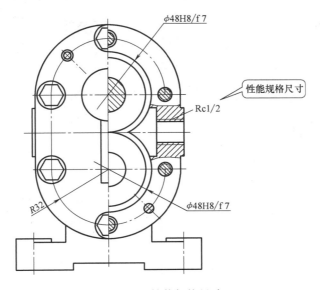

图 5-35　性能规格尺寸

（2）装配尺寸　装配尺寸包括配合尺寸、相对位置尺寸、装配时加工尺寸，如图 5-36 所示。

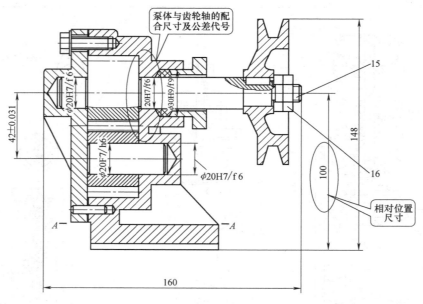

图 5-36　装配尺寸

（3）其他尺寸　包括安装尺寸、外形尺寸及其他重要尺寸如图 5-37 所示。

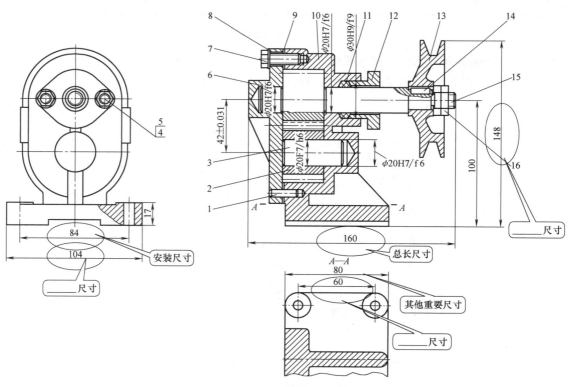

图 5-37　其他尺寸

五、装配图中的零、部件序号和明细栏

1. 序号

1）装配图中所有零件、组件都必须编写序号，且相同零件或部件只有一个序号。

2）序号形式有三种，如图5-38所示。

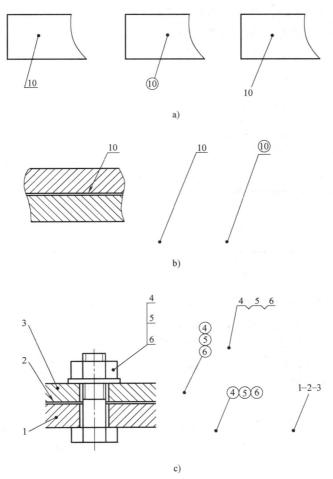

图5-38　序号标注方法

① 编序号时，在所编注零件或部件的可见轮廓线内画一小圆点，然后从圆点开始画指引线，在指引线的末端用细实线画一短横线或一小圆，指引线应通过小圆中心，在短横线上或小圆内用阿拉伯数字编写零件的序号，序号字体高度比尺寸数字大一号或两号，如图5-38a所示。

② 也可在指引线附近写序号，序号字体高度比尺寸数字大两号，如图5-38a所示。

③ 如果所编注零件很薄或在图样中涂黑，不能画圆点，可画箭头指向该零件的轮廓，如图5-38b所示。

3）指引线不能相交，通过剖面区域时不能与剖面线平行，必要时允许曲折一次，如图5-38b所示。

4）对于一组紧固件或装配关系清楚的组件，可用公共指引线，如图5-38c所示。

5）序号注在视图外，且按水平或垂直方向排列整齐，并按顺时针或逆时针顺序排列，如图 5-38c 所示。

2. 明细栏

1）明细栏紧靠在标题栏上方，并顺序_____（A. 由下至上　B. 由上至下）填写，当位置不够时，可将明细栏的一部分移至紧靠标题栏左侧。明细栏的编号必须与装配图一一对应。格式和内容可以参照有关国家标准，国家标准推荐的明细栏，如图 5-39 所示。也可由单位自己决定。

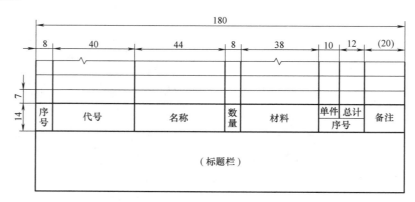

图 5-39　国家标准推荐的明细栏

2）在实际生产中，明细栏也可以不设置在装配图中，而按 A4 幅面作为装配图的序页单独给出，编写顺序是_____（A. 由上而下　B. 由下而上）延续，并可以连续加页。

3）代号栏用来注写图样中相应组成部分的图样代号或标准号。

4）备注栏中，一般填写该项的附加说明或其他有关内容，包括分区代号、常用件的主要参数等，例如齿轮的模数、齿数，弹簧的内径或外径、簧丝直径、有效圈数、自由长度等。

5）螺栓、螺母、垫圈、键、销等标准件，其标记通常分两部分填入明细栏中。将标准代号填入____（A. 代号栏　B. 名称栏）内，其余规格尺寸等填在____（A. 代号栏　B. 名称栏）内。

六、装配图结构的合理性

为了保证机器或部件的装配质量，满足性能要求，并给加工和装拆带来方便，在设计过程中必须考虑装配结构的合理性，下面分析几种最常见装配结构的合理性。

1. 接触面和配合面的合理性

1）当孔与轴配合时，若轴肩与孔端面需接触，则孔加工成倒角或在轴肩处切槽，如图 5-40 所示（试判断三种结构的合理性）。

2）两零件接触时，在同一方向上只宜有一对接触面，如图 5-41 所示（试判断结构的合理性）。

3）圆锥面接触应有足够的长度，且锥体顶部与底部须留间隙，如图 5-42 所示（试判断结构的合理性）。

2. 密封装置的合理性

如图 5-43 所示的结构采用填料密封，它是依靠压盖将填料压紧从而起到防漏密封的作

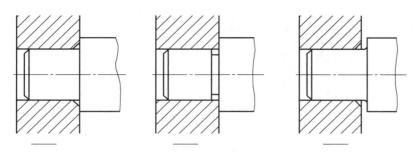

图 5-40　接触面的合理性（一）

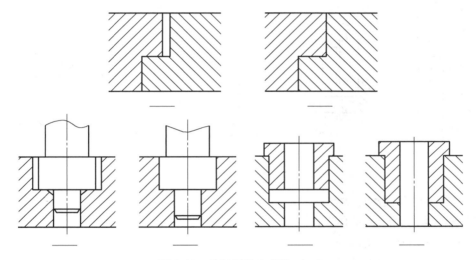

图 5-41　接触面的合理性（二）

用。压盖要画在开始压紧填料的位置，以表示当填料磨耗后，尚可下移压盖压紧填料，使之仍保持密封防漏的效果。

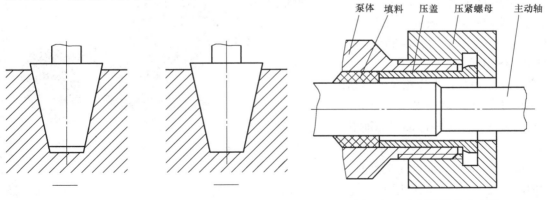

图 5-42　接触面的合理性（三）　　　　　图 5-43　密封装置的合理性

3. 有利于装拆的合理结构

1）用轴肩或孔肩定位滚动轴承时，应注意拆卸的方便和可能，如图 5-44 所示（试判断结构的合理性）。

2）考虑到装拆的可能与方便，必须留出装拆的空间，如图 5-45 所示（试判断结构的合理性）。

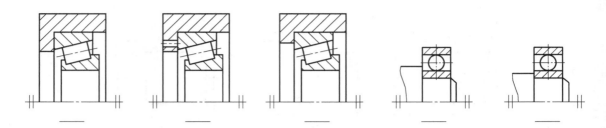

图 5-44　装拆的合理性（一）

图 5-45　装拆的合理性（二）

七、绘制齿轮泵装配图的步骤

1. 了解部件的装配关系和工作原理

齿轮泵（图 5-46）是液压泵中结构最简单的一种，主要用于_____（A. 低压　B. 高压）或噪声水平限制_____（A. 不高　B. 高）的场合。一般机械设备的润滑系统采用齿轮泵。齿轮泵一般由一对齿数_____（A. 相同　B. 不同）的齿轮轴、传动齿轮轴、端盖和壳体组成。

其工作原理是：当齿轮泵的传动齿轮轴和齿轮轴在泵体内做啮合运动时，两齿轮的齿槽不断地将进油口的油输送到出油口，这样，进油口内的压力_____（A. 降低　B. 增高）而产生局部真空，

图 5-46　齿轮泵（装配关系）

油池内的油在大气压力的作用下不断地进入进油口。而出油口内由于油的质量不断地增加，压力_____（A. 降低　B. 增高），齿轮泵就可以把油经出油口输送到机器所需的部位。

2. 确定表达方案

（1）装配图的主视图　装配图应以工作位置和清楚地反映主要装配关系的那个方向作为主视图，并尽可能反映工作原理，因此主视图多采用_____（A. 剖视图　B. 视图）。

选择主视图的两个原则如下：

1）主视图的安放位置应符合部件的_____（A. 工作位置　B. 加工位置）。

2）主视图所确定的投影方向，应使主视图最能反映机器或部件的装配关系、工作原理、传动路线及主要零件的主要结构。

（2）其他视图的选择

根据装配件结构的具体情况，选择其他视图、剖视图及剖面图。尽可能用基本视图及基本视图上的剖视图来表达装配图必须表达，而主视图尚未表达清楚的内容。其他视图还应进一步表达装配关系和主要零件的结构形状。如左视图采用____（A. 全剖　B. 半剖）视图，可补充表达齿轮与泵体内腔的配合关系，吸、压油的工作原理，以及泵盖的外形。

在完整、正确、清晰地表达机器或部件的前提下，视图数量尽可能____（A. 多　B. 少），避免不适当的过分分散零件的方案。

（3）画装配图的步骤

1）根据确定的表达方案，选取绘图比例和图幅，合理布局，绘出各视图的主要基准线，如图5-47所示。要注意留出编写零件序号、尺寸标注及明细栏等的位置。

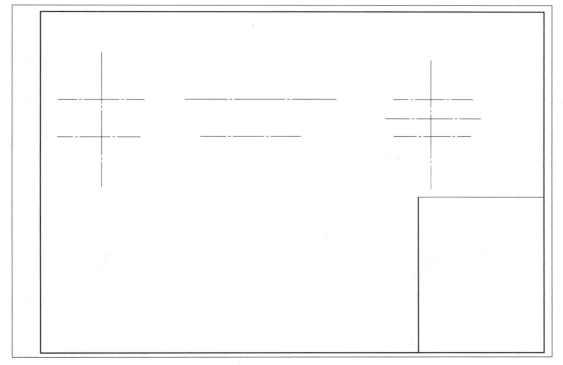

图5-47　定图幅，画基准线

2）绘制部件的主体结构。部件的绘制一般有两种方法：_____、_____。

① 绘制泵体，如图5-48所示。

② 绘制传动齿轮轴、齿轮，如图5-49所示。

③ 绘制泵盖，如图5-50所示。

3）画出部件的其他结构部分，如图5-51所示。

4）检查加深图线，画剖面符号、注尺寸，如图5-52所示。

5）编写零、部件序号，填写标题栏和明细栏，注写技术要求，最后完成装配图，如图5-53所示。

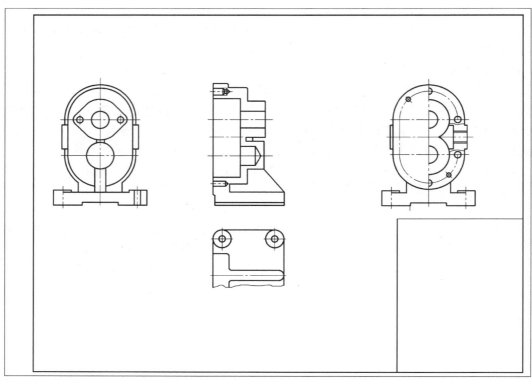

图 5-48   绘制泵体

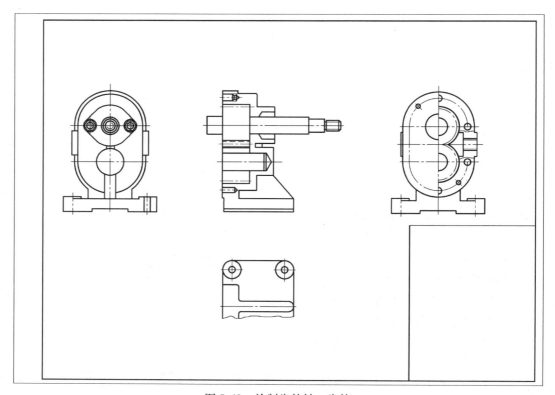

图 5-49   绘制齿轮轴、齿轮

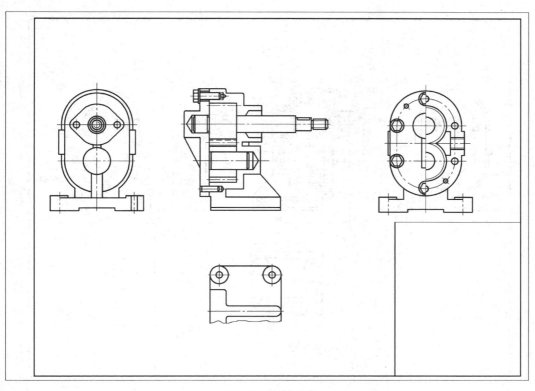

图 5-50　绘制泵盖

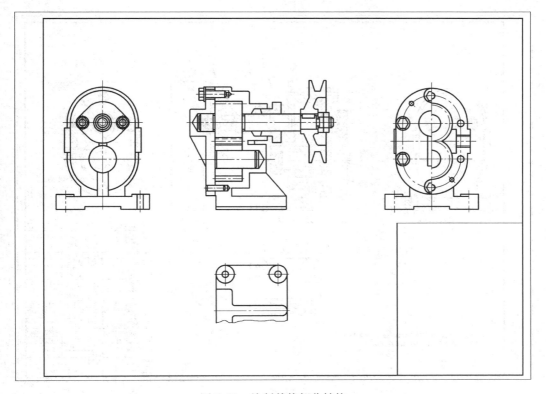

图 5-51　绘制其他部分结构

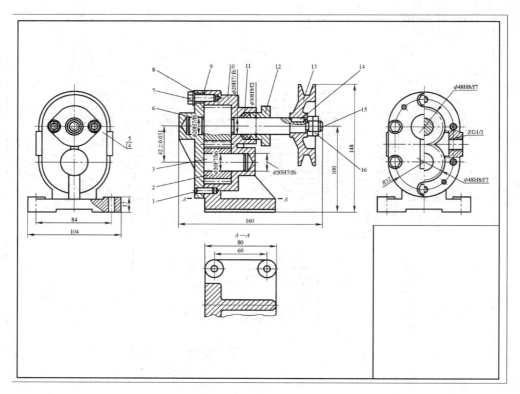

图 5-52　加深并标注尺寸

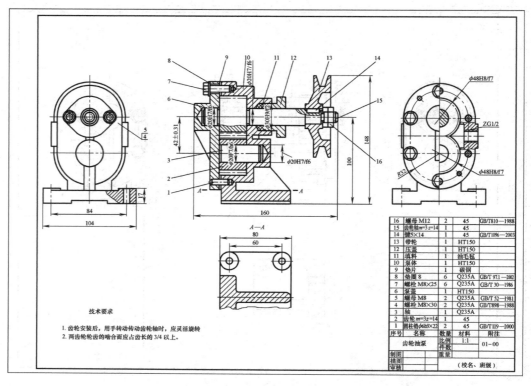

图 5-53　完成装配图

实施活动：绘制减速器装配图

分组教学，以 4 人一小组为单位，进行练习。

一、工具/仪器

图板、整套绘图工具。

二、工作流程

1. 绘制示意图

仔细分析齿轮减速器（图 5-54，图 5-55），绘制减速器示意图如图 5-56 所示。

图 5-54　齿轮减速器

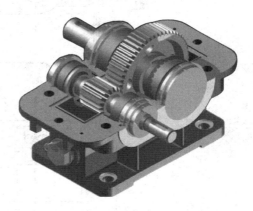

图 5-55　齿轮减速器的内部结构

2. 确定表达方案

　　表达减速器装配图，共需要＿＿＿＿＿＿个图形来表达。其中，主视图应符合＿＿＿＿＿＿＿＿＿＿位置，重点表达＿＿＿＿＿＿＿＿＿＿；同时对右侧螺栓连接及放油螺塞连接采用＿＿＿＿＿＿图，这样不但表达了这两处的装配连接关系，也可对箱体右侧和下边壁厚进行表达；左侧可对螺栓连接及油标结构进行＿＿＿＿＿＿＿，可表达出这两处的装配连接关系；上边可对透气装置采用＿＿＿＿＿＿视图，表达出各零件的装配连接关系及该结构的工作情况。

　　俯视图采用＿＿＿＿＿＿＿＿图，将内部的装配关系，以及零件之间的相互位置清晰地表达出来，同时也表达出齿轮的啮合情况、回油槽的形状，以及轴承的润滑情况。

　　左视图可采用＿＿＿＿＿＿＿＿图，主要表达＿＿＿＿＿＿＿＿，同时可考虑在其上作局部剖视，表达出安装孔的＿＿＿＿＿＿＿＿结构，以便于标注安装尺寸。

3. 选比例，定图幅

　　本装配图采用比例＿＿＿＿＿＿，图幅为＿＿＿＿＿＿。

4. 画图

　　1）合理布局，画出作图基准线。画出图框、标题栏、明细栏的底稿线；再画各视图的基准线，即＿＿＿＿＿＿线、＿＿＿＿＿＿线及其他作图线；最后画主要零件的部分外形线。

　　2）依次画出装配线上的各个零件。先画装配线上起＿＿＿＿＿＿＿＿作用的零件，再按由外到内或内到外的顺序画出各个零件。

　　如发现某个零件尺寸有误，一定要查找原因，同时应对零件草图上的尺寸进行修改，这

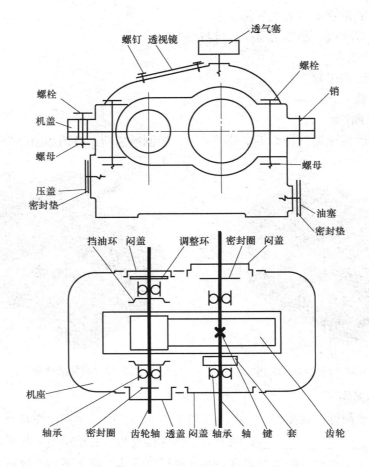

图 5-56 减速器装配示意图

也是对各零件草图上尺寸的一次校核。

3）补画装配细节。

4）画剖面线、编排序号，画尺寸界线等。

5）检查、加深。经检查校对后，擦去多余的图线，然后按线型加深。

6）画箭头，填写尺寸数值、标题栏、明细表及技术要求等。

7）全面检查，完成作图。

5. 装配图上的尺寸标注

1）性能规格尺寸：如两轴线中心距_____、中心高_____。

2）装配尺寸：滚动轴承_____、齿轮与轴_____、销联接_____、键联接_____。

3）外形尺寸：长_____、宽_____，两轴端距中心高____。

4）安装尺寸：孔的定位尺寸_____。

5）其他重要尺寸：如齿轮宽度_____。

完成后的装配图如图 5-57 所示。

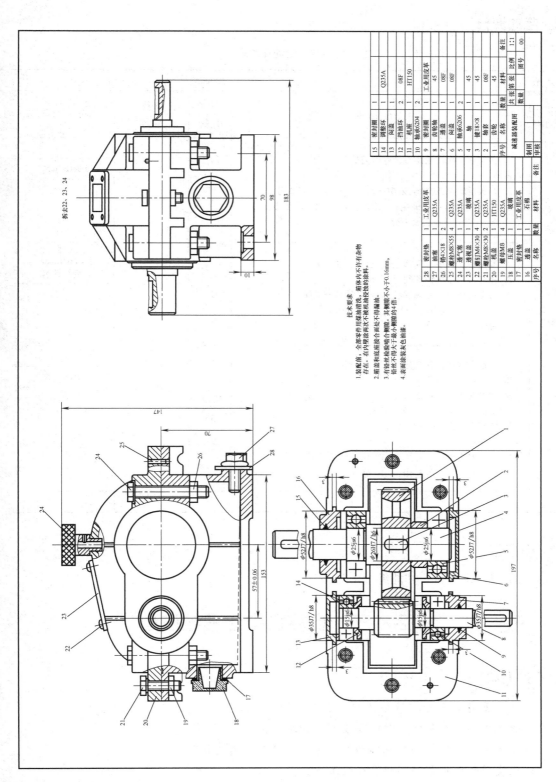

技术要求

1. 装配前，全部零件用煤油清洗，箱体内不许存有杂物，箱体内壁涂不被机油腐蚀的涂料。
2. 箱盖和箱座接合面应涂密封胶，其轴间隙不小于0.16mm，剖分面不得漏油。
3. 有铅丝检验啮合侧隙，其轴间隙不小于0.16mm，铅丝不得大于最小侧隙的4倍。
4. 表面涂装灰色油漆。

拆去22、23、24

15	密封圈		1	Q235A			比例	1:1
14	调整环		1	08F			图号	00
13	间油环		2	08F				
12	挡油环		1	HT150				
11	机座		1					
10	轴承6204		2		材料			
9	齿轮轴		1	45				
8	通盖		1	08F				
7	间盖		1	08F				
6	轴		1	45				
5	轴承6206		2					
4	键18×8		1	45				
3	轴套		2	08F				
2	齿轮		1	45				
序号	名称		数量	材料	数量			备注
	减速器装配图							
	制图							
	审核							

28	密封垫		1	工业用皮革		
27	油标		1	Q235A		
26	销4×18		1	Q235A		
25	螺栓M8×55		4	Q235A		
24	通气罩		1	玻璃		
23	螺钉M4×30		4	Q235A		
22	螺栓M8×30		2	Q235A		
21	机盖		1	HT150		
20	螺母M8		4	Q235A		
19	压盖		1	玻璃		
18	密封圈		1	工业用皮革		
17	通盖		1	石棉		
16	密封垫					
序号	名称		数量	材料	数量	备注

图 5-57　齿轮减速器装配图

活动评价（表5-12）

表5-12　活动评价表

完成日期		工时	320min	总耗时		
任务环节	评分标准		所占分数	考核情况	扣分	得分
绘制减速器装配图	1. 为完成本次活动是否做好课前准备（充分5分，一般3分，没有准备0分） 2. 本次活动完成情况（好10分，一般6分，不好3分） 3. 完成任务是否积极主动，并有收获（是5分，积极但没收获3分，不积极但有收获1分）		20	自我评价：		学生签名
	1. 准时参加各项任务（5分）（迟到者扣2分） 2. 积极参与本次任务的讨论（10分） 3. 为本次任务的完成，提出了自己独到的见解（5分） 4. 团结、协作性强（5分） 5. 超时扣5~10分		30	小组评价：		组长签名
	1. 图幅设置错误扣2分 2. 工作页填错一处扣2分 3. 线型使用错误一处扣2分 4. 字体书写不认真，一处扣2分 5. 图面不干净、整洁者，扣2~5分 6. 超时扣3分 7. 违反安全操作规程扣5~10分 8. 工作台及场地脏乱扣5~10分		50	教师评价：		教师签名
总分						

小提示

只有通过以上评价，才能继续学习哦！

活动三　计算机构建三维模型

能力目标

1) 进一步建立 AutoCAD 绘图的基本方法并掌握技巧。

2) 能运用实体及实体编辑命令绘制三维零件图。

3) 能选择合适的命令和辅助功能绘制、编辑零件图及装配图。

4) 能使用软件将零件图拼画成装配图。

5) 正确设置图纸参数，将完成的图样打印归档。

活动地点

零件测绘与分析学习工作站、计算机室。

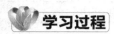

学习过程

你要掌握以下资讯与决策，才能顺利完成任务

一、AutoCAD 中获得实体对象的方法

可以根据基本实体形（长方体、圆锥体、圆柱体、球体、圆环体和楔体）来创建实体模型，也可以通过沿路径拉伸二维对象或者绕轴旋转二维对象来创建实体模型，然后根据布尔运算，合并、差集或交集（重叠）来创建更复杂的模型。

可以对实体进行进一步修改的方法还有圆角、倒角、修改面、修改边、剖切、获得实体二维截面等命令。

二、常用的基本体三维建模命令

1. 长方体 （box）

长方体建模命令见表 5-13。

表 5-13　长方体建模命令

屏幕提示	操作	说明
命令：	（box）	启动长方体建模命令
命令：_box 指定长方体的角点或 ［中心点（CE）］ <0,0,0>：	输入点坐标或鼠标取点	指定长方体底面一个角点
指定角点或［立方体（C）/长度 （L）］：	输入点坐标或鼠标取点	指定长方体底面另一个角点
指定高度：	输入高度值	指定长方体高度值,正值沿 Z 轴正方向生成,负值沿 Z 轴负方向生成
命令：		完成操作,退出命令到待命状态

2. 球体 （sphere）

球体建模命令见表 5-14。

表 5-14　球体建模命令

屏幕提示	操作	说明
命令：	（sphere）	启动球体建模命令
命令：sphere 当前线框密度：　ISOLINES = 4 指定球体球心　<0,0,0>：	输入点坐标或鼠标取点	指定球体球心

(续)

屏幕提示	操作	说明
指定球体半径或［直径(D)］：	输入半径值或用鼠标取点	指定球体半径值
命令：		完成操作,退出命令到待命状态

3. 圆柱体 🛢 (cylinder)

圆柱体建模命令见表5-15。

表5-15　圆柱体建模命令

屏幕提示	操作	说明
命令：	🛢 (cylinder)	启动圆柱体建模命令
命令:cylinder 指定圆柱体底面的中心点或［椭圆(E)］<0,0,0>：	输入点坐标或鼠标取点	指定圆柱体底面圆心
指定圆柱体底面的半径或［直径(D)］：	输入半径值或用鼠标取点	指定圆柱体底面半径
指定圆柱体高度或［另一个圆心(C)］：	输入圆柱体高度值或用鼠标取点(或选择"另一圆心"选项)	指定高度值或系统自动测算两点间距
指定圆柱的另一个圆心：	输入坐标值	输入顶面圆心坐标
命令：		完成操作,退出命令到待命状态

💡 **小提示**

灵活运用"另一个圆心"的选项,如图5-58所示,在不改变UCS的状态下,可直接构建模型。

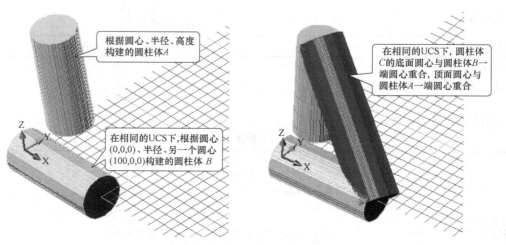

根据圆心、半径、高度构建的圆柱体A

在相同的UCS下,圆柱体C的底面圆心与圆柱体B一端圆心重合,顶面圆心与圆柱体A一端圆心重合

在相同的UCS下,根据圆心(0,0,0)、半径、另一个圆心(100,0,0)构建的圆柱体B

图5-58　建模技巧

4. 圆锥体 ⬡ (cone)

圆锥体建模命令见表5-16。

表 5-16　圆锥体建模命令

屏　幕　提　示	操　作	说　明
命令:cone 当前线框密度: ISOLINES = 4	⬡ (cone)	启动圆锥体建模命令
指定圆锥体底面的中心点或[椭圆(E)]<0,0,0>:	输入点坐标或鼠标取点	指定圆锥体底面圆心
指定圆锥体底面的半径或[直径(D)]:	输入半径值或用鼠标取点	指定圆锥体底面半径
指定圆锥体高度或[顶点(A)]:	输入圆锥体高度值或用鼠标取点(或选择"顶点 A"选项)	指定高度值或系统自动测算两点间距("顶点A"选项的作用参照圆柱体的建模)
命令:		完成操作,退出命令到待命状态

5. 楔体 ◣ (wedge)

楔体建模命令见表5-17。

表 5-17　楔体建模命令

屏　幕　提　示	操　作	说　明
命令:	◣ (wedge)	启动楔体建模命令
命令:_wedge 指定楔体的第一个角点或[中心点(CE)]<0,0,0>:	输入点坐标或鼠标取点	指定楔体底面第一个角点
指定角点或[立方体(C)/长度(L)]:	输入点坐标或鼠标取点	指定楔体底面另一个角点
指定高度:	输入楔体高度值或用鼠标取点	指定高度值或系统自动测算两点间距
命令:		完成操作,退出命令到待命状态

6. 圆环体 ◉ (torus)

圆环体建模命令见表5-18。

表 5-18　圆环体建模命令

屏　幕　提　示	操　作	说　明
命令:	◉ (torus)	启动圆环体建模命令
命令:_torus 当前线框密度:ISOLINES = 4 指定圆环体中心<0,0,0>:	输入点坐标或鼠标取点	指定圆环体中心点
指定圆环体半径或[直径(D)]:	输入点坐标或鼠标取点	指定圆环体半径
指定圆管半径或[直径(D)]:	输入圆管半径值	
命令:		完成操作,退出命令到待命状态

三、常用的根据二维图形进行三维建模的命令

1. 面域 （region）

面域是用闭合的形状或环创建的二维区域。闭合多段线、直线和曲线都是有效的选择对象。曲线包括圆弧、圆、椭圆弧、椭圆和样条曲线。

用于构建三维模型的二维图形必须是一条完整的封闭线，当二维封闭图形由多条线段组成时，必须使其转化成面域才能进行三维建模。面域创建的条件是所有线段端点相连，曲线上的每个端点仅连接两条边。自交线段或有重合的线段无法创建面域。

2. 拉伸 （extrude）

系统可以拉伸平面三维面、封闭多段线、多边形、圆、椭圆、封闭样条曲线、圆环和面域，不能拉伸包含在块中的对象，也不能拉伸具有相交或自交线段的多段线。一次可以拉伸多个对象，多个对象分别形成独立的实体。注意实体拉伸工具在"实体"工具栏内（图5-59），区别于实体编辑工具栏内的"拉伸面"。拉伸命令的使用见表5-19。

图 5-59　实体工具条

表 5-19　拉伸命令使用

屏　幕　提　示	操　　作	说　　明
命令:extrude 当前线框密度:　ISOLINES=4	（extrude）	启动圆柱体命令
选择对象:	拾取对象	
指定拉伸高度或［路径(P)］:	输入数值或鼠标取点	指定高度
指定拉伸的倾斜角度 <0>:	输入倾斜角度	指定所有侧面的倾斜角度
命令:		完成操作,退出命令到待命状态

使用指定路径进行拉伸时，路径必须是一条完整的线段（直线或多段线等），操作过程，如图5-60所示。拉伸路径的使用方法见表5-20。

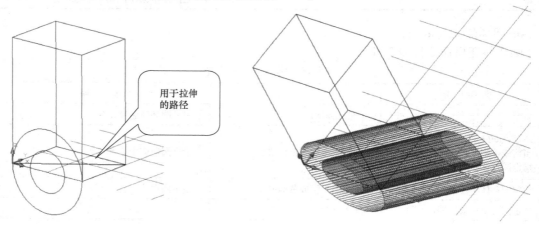

用于拉伸
的路径

图 5-60　拉伸路径

表 5-20 拉伸路径的使用

屏 幕 提 示	操 作	说 明
命令：extrude 当前线框密度： ISOLINES = 4	⬜ (extrude)	启动圆柱体命令
选择对象：	拾取对象	拾取图中 XZ 平面上两个圆
指定拉伸高度或 [路径(P)]：	P	选择 [路径] 选项
选择拉伸路径或 [倾斜角]：	选择长方体底面对角线	以长方体底面对角线为拉伸路径
命令：		完成下图斜管造型操作，退出命令到待命 状态

3. 旋转 🔄 (revolve)

可以旋转闭合多段线、多边形、圆、椭圆、闭合样条曲线、圆环和面域，不能旋转包含在块中的对象，不能旋转具有相交或自交线段的多段线。旋转命令会忽略多段线的宽度，并从多段线路径的中心处开始旋转。一次只能旋转一个对象，根据右手定则判定旋转的正方向。

表 5-21 旋转命令

屏 幕 提 示	操 作	说 明
命令：	🔄 (revolve)	启动旋转构建三维模型命令
命令：_revolve 当前线框密度： ISOLINES = 4 选择对象：	拾取对象	
指定旋转轴的起点或定义轴依照 [对象 (O)/X 轴 (X)/Y 轴 (Y)]：	X (Y 或 O)	X = 对象绕 X 轴旋转 Y = 对象绕 Y 轴旋转 O = 对象绕一条已知直线旋转
指定旋转角度 < 360 >：	输入角度值	
命令：		完成操作，退出命令到待命状态

🛈 旋转的方向由右手定则确定，如图 5-61 所示。

四、构建三维模型相关的图形编辑命令

我们曾使用过复制、旋转、移动三个命令编辑二维图形，实际上是在 UCS 的 XY 平面内进行编辑。而在三维绘图的环境中，也可以对二维图形或三维模型在 XY 面进行旋转操作。在三维空间中，除了可以在 XY 面上复制或移动二维图形和三维模型，还可以在空间内对它们进行编辑，见表 5-22。

五、常用的三维编辑命令

三维编辑命令是指对二维图形或三维模型进行三维编辑和命令，包括三维旋转（如上所述）、三维镜像、三维阵列，相对于编辑坐标系来说，这种方法可以快速编辑较简单的三维模型。一些二维图形常用的编辑命令也适用于三维模型，如倒角、圆角，但过程稍有不同。

1. 三维阵列（3darray）

三维阵列命令见表 5-23。

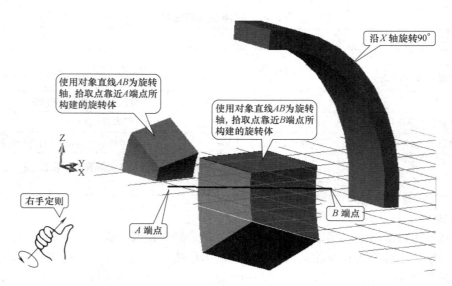

图 5-61　旋转方向的判定方法

表 5-22　三维编辑命令

命令	二维空间（即 UCS 的 XY 面）		三 维 空 间	
	编辑二维图形	编辑三维模型	编辑二维图形	编辑三维模型
旋转 RO	可以（略）		不可以（必须使用三维旋转命令）	不可以（必须使用三维旋转命令）
复制 CO	可以（略）			
移动 MO	可以（略）			

（续）

命令	二维空间（即 UCS 的 *XY* 面）		三 维 空 间	
	编辑二维图形	编辑三维模型	编辑二维图形	编辑三维模型
三维旋转 ROTATE3D			ROTATE3D	ROTATE3D

表 5-23　三维阵列命令

屏 幕 提 示	操 作	说 明
命令：	3darray【修改】→【三维操作】→【三维阵列】	启动三维阵列命令
命令：_3darray 选择对象：	拾取阵列的对象，完毕后回车确认	可同时阵列多个对象，以回车确认所选对象
输入阵列类型［矩形（R）/环形（P）］＜矩形＞：	P	选择环形阵列
输入阵列中的项目数目：	4	包括源对象一共生成四个阵列对象
指定要填充的角度（ + = 逆时针，– = 顺时针）＜360＞：	回车	确认360°填充
旋转阵列对象？［是（Y）/否（N）］＜Y＞：	N	不旋转阵列对象
指定阵列的中心点：	0,0,0	
指定旋转轴上的第二点：	0,0,10	
命令：		完成图5-62所示阵列的操作，退出命令到待命状态

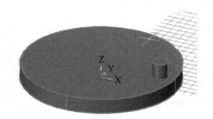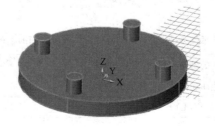

图 5-62　阵列

2. 三维镜像（mirror3d）

三维镜像命令见表5-24。

表5-24　三维镜像命令

屏幕提示	操作	说明
命令：	mirror3d 【修改】→【三维操作】→ 【三维镜像】	启动三维镜像命令
命令：_mirror3d 选择对象：	拾取要镜像的对象	
指定镜像平面（三点）的第一个点或　［对象（O）/最近的（L）/Z轴（Z）/视图（V）/XY平面（XY）/YZ平面（YZ）/ZX平面（ZX）/三点（3）］＜三点＞：	YZ	选择以YZ平面为镜像面
指定YZ平面上的点＜0,0,0＞：	回车	指定原点为YZ面上一点
是否删除源对象？［是（Y）/否（N）］＜否＞：	N	保留源对象
命令：		完成图5-63所示镜像的操作，退出命令到待命状态

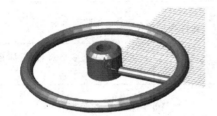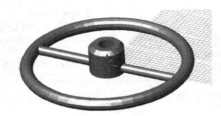

图5-63　镜像

3. 倒角 ◯（cha）

倒角命令见表5-25。

表5-25　倒角命令

屏幕提示	操作	说明
命令：	◯（cha）	启动倒角命令
命令：_chamfer （"修剪"模式）当前倒角距离 1 = 0.0000，距离 2 = 0.0000 选择第一条直线或［放弃（U）/多段线（P）/距离（D）/角度（A）/修剪（T）/方式（E）/多个（M）］：	拾取实体模型上的边	当拾取到实体边时，系统会自动识别拾取的是实体
基面选择... 输入曲面选择选项［下一个（N）/当前（OK）］＜当前＞：	回车	指定当前面为倒角面
指定基面的倒角距离：	5	指定基面倒角距离为5
指定其他曲面的倒角距离＜5.0000＞：	回车	另一面倒角距离也为5
选择边或［环（L）］：	拾取要倒角的边	
命令：		完成图5-64所示的倒角操作，退出到待命状态

4. 剖切 （slice）

剖切命令工具栏按钮在"实体"工具栏内,如图5-65所示。剖切命令见表5-26。

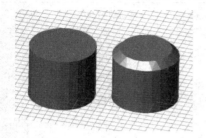

图5-64　倒角

图5-65　剖切命令图标工具

表5-26　剖切命令

屏　幕　提　示	操　　作	说　　明
命令:	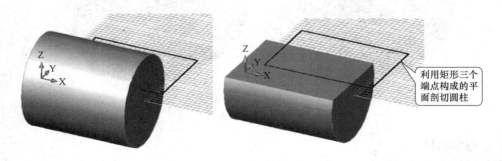（slice）	启动剖切命令
命令:_slice 选择对象:	拾取要剖切的实体模型	
指定切面上的第一个点,依照[对象(O)/Z轴(Z)/视图(V)/XY平面(XY)/YZ平面(YZ)/ZX平面(ZX)/三点(3)]<三点>:	捕捉矩形的一个端点	
指定平面上的第二个点:	捕捉矩形的第二个端点	
指定平面上的第三个点:	捕捉矩形的第三个端点	以矩形的三个端点确定剖切面
在要保留的一侧指定点或[保留两侧(B)]:	在要保留的一侧上拾取一点	保留拾取到的一侧
命令:		完成图5-66所示的剖切操作,退出命令到待命状态

利用矩形三个端点构成的平面剖切圆柱

图5-66　剖切

5. 抽壳 （solidedit）

抽壳命令见表5-27。

表5-27 抽壳命令

屏幕提示	操作	说明
命令:	(solidedit)	启动抽壳命令
命令:_solidedit 实体编辑自动检查:SOLIDCHECK = 1 输入实体编辑选项[面(F)/边(E)/体(B)/放弃(U)/退出(X)] <退出> :_body 输入体编辑选项 [压印(I)/分割实体(P)/抽壳(S)/清除(L)/检查(C)/放弃(U)/退出(X)] <退出> :_shell 选择三维实体:	拾取实体模型	选择被抽壳的实体
删除面或[放弃(U)/添加(A)/全部(ALL)]:	拾取开口的面直到选择完毕,回车	确定壳体的开口面
输入抽壳偏移距离:	5	指定壳体厚度为5mm
已开始实体校验。 已完成实体校验。 输入实体编辑选项 [压印(I)/分割实体(P)/抽壳(S)/清除(L)/检查(C)/放弃(U)/退出(X)] <退出> :	回车	退出
实体编辑自动检查:SOLIDCHECK = 1 输入实体编辑选项[面(F)/边(E)/体(B)/放弃(U)/退出(X)] <退出> :	回车	退出
命令:		完成图5-67所示的抽壳操作,退出命令到待命状态

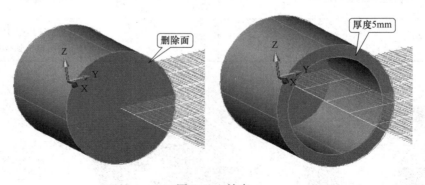

图5-67 抽壳

六、布尔运算

布尔运算可通过对两个以上的实体模型进行并集、差集、交集的运算,从而得到新的实体。

1. 并集 (union)

并集命令见表5-28。

表 5-28　并集命令

屏　幕　提　示	操　作	说　明
命令：	（union）	启动并集命令
命令：_union 选择对象： 选择对象： 选择对象：	拾取两个或以上的实体模型	可以并集两个实体或多个实体，选择完毕，回车确认
命令：		完成图 5-68 所示的并集操作，退出命令到待命状态

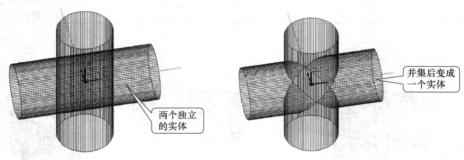

图 5-68　并集

2. 差集（subtract）

差集命令见表 5-29。

表 5-29　差集命令

屏　幕　提　示	操　作	说　明
命令：	（subtract）	启动差集命令
命令：_subtract 选择要从中减去的实体或面域…	选择实体	选择被减实体，可以是 1 个也可以是多个
选择对象：找到 1 个 选择对象： 选择要减去的实体或面域..	选择实体	选择要减去的实体，可以是 1 个也可以是多个
选择对象：找到 1 个 选择对象：		选择完毕，回车确认
命令：		完成图 5-69 所示的差集操作，退出命令到待命状态

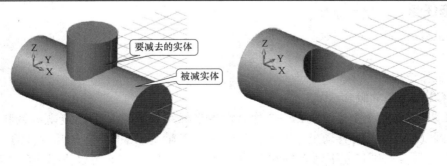

图 5-69　差集

3. 交集 ⬤⬤ (intersect)

交集命令见表5-30。

表5-30 交集命令

屏幕提示	操作	说明
命令：	⬤⬤ (intersect)	启动交集命令
命令：_intersect 选择对象： 选择对象：	拾取两个或以上的实体模型	可以交集两个实体或多个实体，选择完毕后，回车确认
命令：		完成图5-70所示的交集操作，退出命令到待命状态

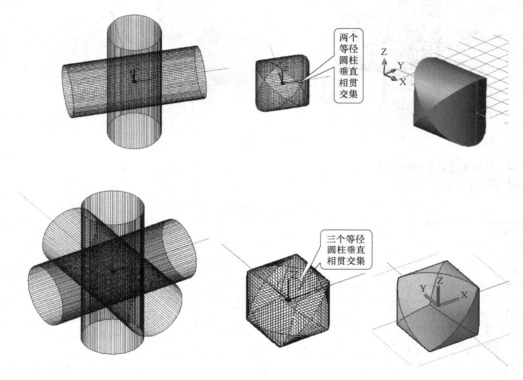

图5-70 交集

 实施任务 绘制三维实体

一、工具/仪器

计算机。

二、工作流程

1. UCS坐标系的概念

AutoCAD里有两个坐标系：一个称为世界坐标系（WCS）的固定坐标系和一个称为用户坐标系（UCS）的可移动坐标系。在WCS中，X轴是水平的，Y轴是垂直的，Z轴垂直于XY平面，原点是图形左下角X轴和Y轴的交点（0，0）。UCS可以依据WCS定义。实际上，绘图过程中所有的坐标输入都使用当前UCS。

绘制的二维图形是生成在 UCS 坐标系的 *XY* 平面，然后再根据不同的方法构建三维模型，可以重新定位和旋转用户坐标系，以便于进行坐标输入、栅格显示等操作。

移动 UCS 可以更容易地处理图形的特定部分。旋转 UCS 可以帮助用户在三维或旋转视图中指定点。"捕捉"、"栅格"和"正交"模式都将旋转以适应新的 UCS。

可以使用以下任意方法重新定位用户坐标系：

1）通过定义新的原点移动 UCS。

2）将 UCS 与现有对象或当前视线的方向对齐。

3）绕当前 UCS 的任意轴旋转当前 UCS。

4）恢复保存的 UCS。

一旦定义了 UCS，则可以为其命名并在需要再次使用时恢复。当不再需要某个命名的 UCS 时，可以将其删除。还可以恢复 UCS 以便与 WCS 重合。

但是，频繁变动的坐标系会使工作复杂化，初级阶段学习三维建模，应尽可能使用系统默认的坐标系。

2. 为三维建模准备绘图环境

绘图时，首先调用三维建模相关的工具栏，如图 5-71 所示。

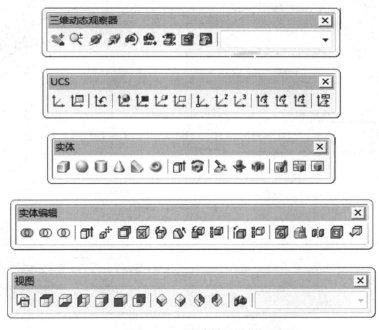

图 5-71　三维建模工具栏

三维造型思路过程如下：

一个或多个基础实体造型→编辑面、边或布尔运算→得到目标实体。

3. 观察三维立体形体

上文启动的工具栏有两个用于三维造型时从不同角度观察模型，如图 5-72 所示。

4. 实体建模

按所给的尺寸构建图 5-73 所示的实体模型。

绘图过程见表 5-31。

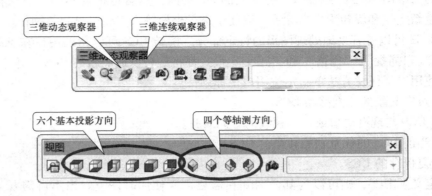

图 5-72　三维动态观察器和视图工具栏

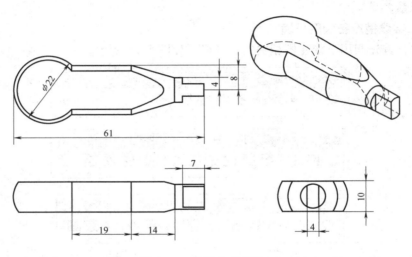

图 5-73　实体造型示例

表 5-31　绘图步骤

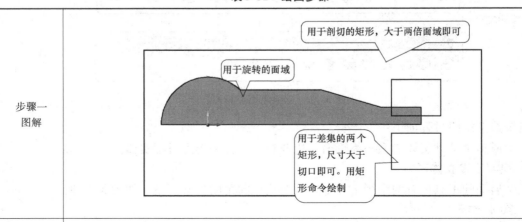

步骤一 图解	
说明	绘制用于旋转的截面,将旋转轴与 X 轴重合(旋转时直接指定 X 轴为旋转轴),并将截面制成面域

（续）

步骤二 图解	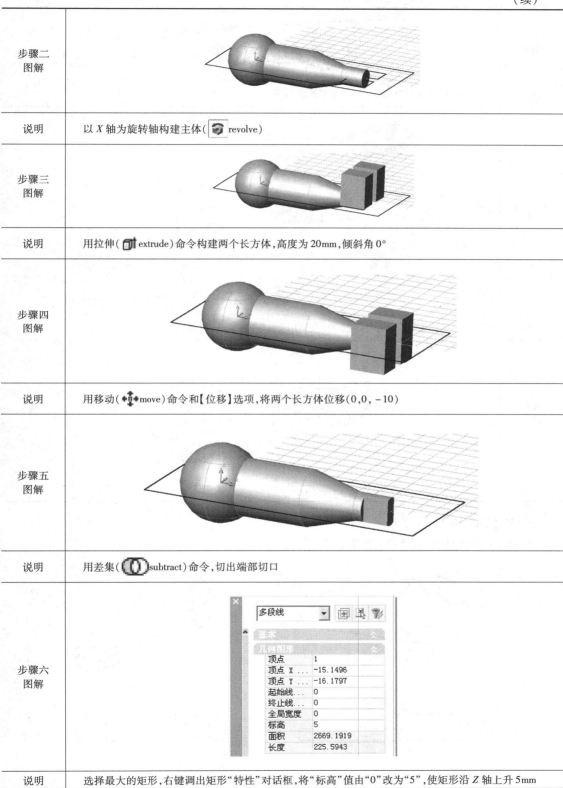
说明	以 X 轴为旋转轴构建主体（⬡ revolve）
步骤三 图解	
说明	用拉伸（⬚ extrude）命令构建两个长方体，高度为 20mm，倾斜角 0°
步骤四 图解	
说明	用移动（✛ move）命令和【位移】选项，将两个长方体位移（0,0,-10）
步骤五 图解	
说明	用差集（◉ subtract）命令，切出端部切口
步骤六 图解	
说明	选择最大的矩形，右键调出矩形"特性"对话框，将"标高"值由"0"改为"5"，使矩形沿 Z 轴上升 5mm

（续）

步骤六图解	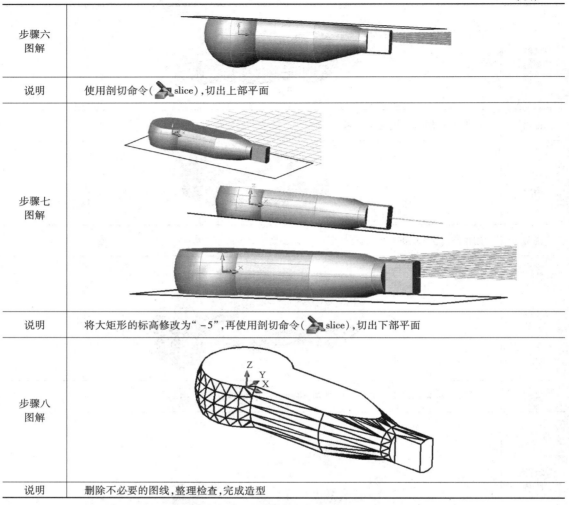
说明	使用剖切命令（ slice），切出上部平面
步骤七图解	
说明	将大矩形的标高修改为"−5"，再使用剖切命令（ slice），切出下部平面
步骤八图解	
说明	删除不必要的图线，整理检查，完成造型

5. 实体建模练习

按所给的尺寸构建图 5-74 至图 5-79 所示的实体模型。

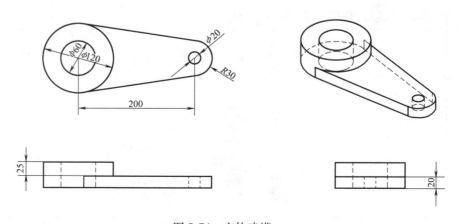

图 5-74　实体建模一

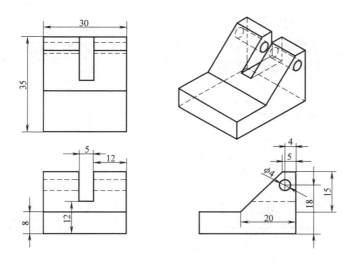

图 5-75　实体建模二

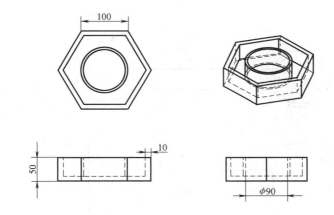

图 5-76　实体建模三

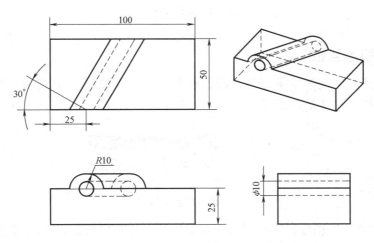

图 5-77　实体建模四

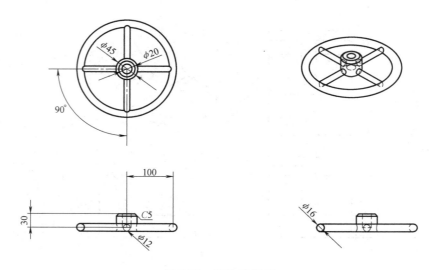

图 5-78 实体建模五

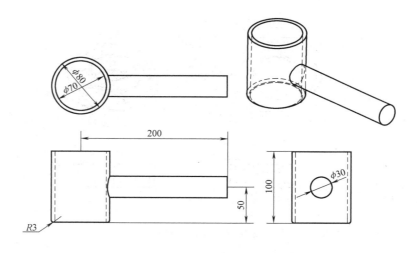

图 5-79 实体建模六

自检及小范围互检

在组内两两成员间交换结果互检，调出查询工具栏，如图 5-80 所示，使用距离工具，测量模型，从而检查尺寸是否正确。

图 5-80 查询工具栏

在表 5-32 中草绘所构建三维模型的三视图，并在上面指出检查出的错误参数，共同探讨修改的方法。

表 5-32　自检及互检

检查结果	改进结果	检查人签名
自检或互检的草图：		

活动评价 （表 5-33）

表 5-33　活动评价表

完成日期			工时	120min	总耗时	
任务环节	评分标准		所占分数	考核情况	扣分	得分
计算机绘制三维实体图形，归档	1. 为完成本次活动是否做好课前准备（充分 5 分，一般 3 分，没有准备 0 分） 2. 本次活动完成情况（好 10 分，一般 6 分，不好 3 分） 3. 完成任务是否积极主动，并有收获（是 5 分，积极但没收获 3 分，不积极但有收获 1 分）		20	自我评价： 学生签名		
	1. 准时参加各项任务（5 分）（迟到者扣 2 分） 2. 积极参与本次任务的讨论（10 分） 3. 为本次任务的完成，提出了自己独到的见解（5 分） 4. 团结、协作性强（5 分） 5. 超时扣 5 ~ 10 分		30	小组评价： 组长签名		
	1. 工作页填错一处扣 2 分 2. 工作页漏填一处扣 2 分 3. 图幅、图框、标题栏、文字、图线每错一处扣 2 分 4. 整体视图表达、断面绘制准确，一个视图表达有误扣 10 分 5. 图线尺寸、图线所在图层每错一处扣 2 分 6. 中心线应超出轮廓线 3 ~ 5mm，超出过多或不足每处扣 1 分 7. 绘图前检查硬件完好状态，使用完毕整理回准备状态，没检查，没整理每一项扣 5 ~ 10 分 8. 工作全程保持场地清洁，如有脏乱扣 5 ~ 10 分		50	教师评价： 教师签名		
总分						

小提示

只有通过以上评价，才能继续学习哦！

活动四 总结、评价与反思

能力目标

1）能对学习任务的完成过程及学业成果进行总结、汇报。

2）能对学习任务的完成过程及完成效果进行客观公正的综合评价。

活动地点

零件测绘与分析学习工作站。

学习过程

一、工作总结

1）以小组为单位，撰写工作总结，并选用适当的表现方式向全班展示、汇报学习成果。

2）评价，完成表5-34。

表5-34 工作总结评分表

评价指标	评价标准	分值（分）	评价方式及得分		
			个人评价（10%）	小组评价（20%）	教师评价（70%）
参与度	小组成员能积极参与总结活动	5			
团队合作	小组成员分工明确、合理,遇到问题不推委责任,协作性好	15			
规范性	总结格式符合规范	10			
总结内容	内容真实、针对存在问题有反思和改进措施	15			
总结质量	对完成学习任务的情况有一定的分析和概括能力	15			
	结构严谨、层次分明、条理清晰、语言顺畅、表达准确	15			
	总结表达形式多样	5			
汇报表现	能简明扼要地阐述总结的主要内容,能准确流利地表达	20			
学生姓名		小计			
评价教师		总分			

二、学习任务综合评价（表5-35）

表5-35　学习任务综合评价

评价内容	评价标准	评价等级			
		A	B	C	D
学习活动1	A. 学习活动评价成绩为90~100分 B. 学习活动评价成绩为75~89分 C. 学习活动评价成绩为60~74分 D. 学习活动评价成绩为0~59分				
学习活动2	A. 学习活动评价成绩为90~100分 B. 学习活动评价成绩为75~89分 C. 学习活动评价成绩为60~74分 D. 学习活动评价成绩为0~59分				
学习活动3	A. 学习活动评价成绩为90~100分 B. 学习活动评价成绩为75~89分 C. 学习活动评价成绩为60~74分 D. 学习活动评价成绩为0~59分				
工作总结	A. 工作总结评价成绩为90~100分 B. 工作总结评价成绩为75~89分 C. 工作总结评价成绩为60~74分 D. 工作总结评价成绩为0~59分				
小计					
学生姓名		综合评价等级			
评价教师		评价日期			

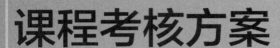

附 录 ▶▶

课程考核方案

1. 考核内容

课程标准规定的教学范围，既考核学生对基本理论知识和基本技能的掌握程度，也检验学生运用基本理论分析问题和解决问题的能力，以及实际操作能力。

2. 考核形式

考核形式为过程考核（70%）+终结性评价（30%）。过程考核指在平时完成每个教学模块或教学任务时组织的随堂考核；终结评价采用职业能力测评的形式完成。

3. 终结性测评

（1）测评形式　由纸笔测试（制定完成任务的方案）+任务实操测试组成。纸笔测试主要考核学生完成该项工作任务所需要的专业知识、工作思路（工作流程），以及文字表达等通用素质。任务实操测试主要考核学生完成实际工作的专业技能、工作规范和职业素养，以及解决实际问题的综合能力等。

（2）测评员　上课教师、企业人员。

（3）测试题　由教师根据课程内容和课程目标来确定，以完成一项综合性较强的实际工作任务来呈现，包括任务描述、测评要求、参考资料、笔试答卷和任务操作记录等（详见附录 B）。

（4）测评成绩　由方案制定（纸笔测试占 30 分）+任务实操（占 70 分）组成。

（5）测评组织形式　以小组竞赛的形式组织测评。

《零件测绘与分析一体化课程》测试题目

班级＿＿＿＿＿＿　　姓名＿＿＿＿＿＿　　学号＿＿＿＿＿＿　　成绩＿＿＿＿＿＿

纸笔测试(方案设计)成绩	实操测试成绩	总成绩(笔试30%＋实操70%)

【任务描述】

描述一项企业真实的、具体的、工作过程结构完整的工作任务，任务能够反映该课程的学习内容和工作形式，通过对学生完成任务情况的考核能够掌握该课程教学目标的实现情况。

【测评要求】

详细说明考核内容和考核形式。

一、纸笔测试（制定完成任务的方案）

主要考核完成该项工作任务所需要的专业知识、工作思路（工作流程），以及文字表达等通用素质。

二、任务操作

主要考核考生完成实际工作的专业技能、工作规范和职业素养，以及解决实际问题的综合能力等。

【参考资料】

提示并规定考生完成该项工作任务时可使用的参考资料、辅助工具等。

《零件测绘与分析一体化课程》纸笔测试（方案设计）答卷

（时间：_____分钟，总分：30 分）

班级_____　　姓名_____　　学号_____　　成绩_____

引导问题 1：

引导问题 2：

引导问题 3：

《零件测绘与分析一体化课程》实操测试说明及作业记录

（时间：_____分钟，总分：70分）

班级_____　姓名_____　学号_____　成绩_____

一、实操测试考核说明

1. 实操测试内容：方案设计 + 任务实操。

2. 实操测试时间：方案制定（_____分钟）+ 任务操作（_____分钟）。

3. 实操测试成绩：方案设计（30%）+ 任务实操（70%）。

4. 具体考核要求：

（1）

（2）

二、任务实操引导问题及作业记录表

实操任务摸描述		
项　目	作业记录内容	备　注

《零件测绘与分析一体化课程》纸笔测试（方案设计）评分表

（总分：30 分）

班级_____ 姓名_____ 学号_____ 成绩_____

考核内容	评分细则	配分	得分

《零件测绘与分析一体化课程》 实操测试评分表

（总分：70 分）

班级_____ 姓名_____ 学号_____ 成绩_____

序号	项目	操作内容	配分	评分标准	扣分	扣分说明
	合计					

说明：

《零件测绘与分析一体化课程》测试前的工作准备要求

（按每位考生配置）

项目		要　求
学生组织		
考试时间		
安全要求		
场地要求		
文件资料准备		
工具材料	工具	
	防护用品	
	材料	
设施设备		

说明：

参 考 文 献

［1］ 李乃大. 工程制图与机械常识［M］. 北京：电子工业出版社，2009.

［2］ 徐玉华，机械制图［M］. 北京：人民邮电出版社，2010.

［3］ 人力资源和社会保障部教材办公室. 金属材料与热处理［M］. 北京：中国劳动社会保障出版社，2011.

［4］ 人力资源和社会保障部教材办公室. 极限配合与技术测量基础［M］. 北京：中国劳动社会保障出版社，2011.

［5］ 人力资源和社会保障部教材办公室. 机械基础［M］. 北京：中国劳动社会保障出版社，2011.

［6］ 人力资源和社会保障部教材办公室. 机械制图［M］. 北京：中国劳动社会保障出版社，2011.

［7］ 人力资源和社会保障部教材办公室. 机械制造工艺基础［M］. 北京：中国劳动社会保障出版社，2011.

［8］ 黄惠廉. AutoCAD 2006 基础与应用［M］. 北京：高等教育出版社，2008.

［9］ 张福臣. 液压与气压传动［M］. 北京：机械工业出版社，2008.